21世纪高等学校计算机规划教材

C语言程序设计实验与实训教程

C Language Program Design Experiment and Practical Traini

张吴波　主编
齐心 史旅华　副主编

人 民 邮 电 出 版 社
北 京

图书在版编目（CIP）数据

C语言程序设计实验与实训教程 / 张吴波主编. --
北京 : 人民邮电出版社, 2016.3
21世纪高等学校计算机规划教材
ISBN 978-7-115-41410-6

Ⅰ. ①C… Ⅱ. ①张… Ⅲ. ①C语言—程序设计—高等
学校—教材 Ⅳ. ①TP212

中国版本图书馆CIP数据核字(2016)第018812号

内 容 提 要

本书是配合《C 语言程序设计教程》一书的学习而编写的教学辅助教材，主要包括基础练习、实验指导、实训指导 3 个部分。基础练习结合近几年全国计算机等级考试“二级 C 语言程序设计”考试试题进行详细的分析和解答，同时也选取了一部分考试真题作为练习，并给出参考答案，以方便练习。实验指导根据 C 语言知识点分为 10 个实验，每个实验都对典型案例进行分析，方便读者掌握编程技能，并配有实验内容。实训指导选取典型的综合案例，分别从程序设计过程、Windows 基本编程两个方面进行讲解。

本书内容丰富，注重实践，突出重点，可以作为学习 C 语言程序设计的参考书、全国及各地区计算机等级考试二级考试的补充资料，也可以作为 C 语言程序设计课程设计、实训的指导书，还可以作为学习 Windows 编程的入门材料。

◆ 主　　编　张吴波
　副 主 编　齐　心　史旅华
　责任编辑　王亚娜
　责任印制　焦志炜

◆ 人民邮电出版社出版发行　　北京市丰台区成寿寺路 11 号
　邮编　100164　　电子邮件　315@ptpress.com.cn
　网址　http://www.ptpress.com.cn
　北京捷迅佳彩印刷有限公司印刷

◆ 开本：787×1092　1/16
　印张：13.25　　　　2016 年 3 月第 1 版
　字数：274 千字　　　2024 年 9 月北京第 16 次印刷

定价：32.00 元

读者服务热线：(010) 81055256　印装质量热线：(010) 81055316
反盗版热线：(010) 81055315

前言

C 语言程序设计是一门实践性很强的课程，学生在努力学好程序设计语言语法规则的同时，还应加强上机实验和练习题的训练，在大量的编程实践中掌握程序设计的方法和技术。为了方便教学、学练结合、学以致用，我们编写这本《C 语言程序设计实验与实训教程》，与主教材《C 语言程序设计教程》（史旅华主编，人民邮电出版社出版）配套使用。全书共分为以下 3 个部分。

第一部分为基础练习：对 C 语言中最基本、最常用的知识点进行了归纳总结，用于学生平时练习使用。在本部分，结合近几年全国计算机等级考试“二级 C 语言程序设计”考试试题，给出典型练习题，对其进行了详细的分析和解答。力求能反映 C 语言常用的语法规则，让学生能举一反三，以加深学生对主教材中讲授基础知识的理解。同时也遴选了大量的练习题作为学生平时练习，并给出了参考答案。

第二部分为实验指导：主要用于学生在学习过程中上机实验，以便于有针对性地提高学生的编程能力。在本部分，对典型案例进行了详细的分析和设计，以指导学生上机编程。程序调试是学生编写程序的一个重要技能，本部分结合编程需要，通过具体的案例，给出了如何在 Visual C 6.0 中调试程序的方法。

第三部分为实训指导：主要用于在系统地学习了 C 语言之后，对 C 语言编程能力进行拓展与提高。本部分从分析问题、设计算法、编写程序过程等方面对综合案例进行了分析与设计。另外，从目前大部分程序基于 Windows 系统的现状出发，介绍了使用 C 语言编写 Windows 程序的基本方法。

在编写的过程中，编者遵循基础训练→上机练习→综合提高的学习过程，将知识点分散到练习题中。在习题的选取上，力求以知识点为主导，由易至难；在上机练习中，注意启发学生思考，培养学生的独立思考能力和编程能力，使学生理解和掌握程序设计的思想、方法和技巧，并掌握基本的程序调试方法；在综合提高中，使学生逐步掌握综合应用 C 语言知识进行大中型程序的开发方法。

本书由张吴波、齐心、史旅华共同编写，其中张吴波担任主编，齐心、史旅华担任副主编。本书在编写过程中得到了湖北汽车工业学院教务处、科研处的大力支持，在此表示由衷感谢。另外，对编写过程中所参阅的文献作者致以谢意。

编者

2015 年 12 月

目录

第一部分 基础练习

第二部分 实验指导

第一部分

基础练习

第1章

C语言程序设计基础

1.1 典型练习及解析

1．选择题

（1）以下叙述中，正确的是________。

A．C语言程序总是从第一个函数开始执行

B．在C语言程序中，要调用的函数必须在main( )函数中定义

C．C语言程序总是从main( )函数开始执行

D．C语言程序中的main( )函数必须放在程序的开始部分

【解析】 C语言的程序总是从main( )函数（主函数）开始执行，由主函数来调用其他函数，所以选项A错误；C语言不能在一个函数中定义其他函数，选项B错误；main( )函数不一定要放在程序的开始部分，选项D错误。

【答案】 C

（2）以下选项中可作为C语言用户标识符的是________。

A．void	B．a3_b3	C．For	D．2a
define	_123	_abc	DO
WORD	IF	case	sizeof

【解析】 C语言规定标识符只能由字母、数字和下划线3种符号组成，而且第一个字符必须是字母或下划线。选项A中的void和define是C语言的关键字，不合法；选项C中的case是C语言的关键字，不合法；选项D中的2a是数字打头，且sizeof是C语言的关键字，不合法。

【答案】 B

（3）若a为int类型的变量，且其值为3，则计算表达式a+=a-=a*a后，a的值是________。

A．-3　　B．9　　C．-12　　D．6

【解析】 C语言中，赋值运算符具有右结合性，其计算顺序是自右向左。本题中，根据优先级先计算表达式a*a，结果为9，变量a的值依然为3；再根据结合性，计算表达式a-=9（即a=3-9=-6），变量a的值为-6；最后计算表达式a+=-6（即a=-6+-6=-12），变量a

的值为-12。

【答案】 C

（4）以下程序运行后，输出结果是________。

```
#include <stdio.h>
int main( )
{
    int k=11;
    printf("k=%d,k=%o,k=%x\n",k,k,k);
    return 0;
}
```

A．k=11,k=12,k=ll　　　　B．k=ll,k=13,k=13

C．k=ll,k=013,k=0xb　　　D．k=ll,k=13,k=b

【解析】 格式化输出函数 printf( )的一般格式是“printf("格式控制字符串",输出项列表)”，其中格式控制字符串包含格式控制说明和普通字符。格式控制说明的格式为：%格式字符，用于控制输出项的数据类型、显示形式、长度、小数位数。%d 表示以十进制形式输出有符号整数，即 k=11；%o 表示以八进制形式输出无符号整数（不输出前缀 0），即 k=13；%x 是以十六进制形式输出无符号整数（不输出前缀 0x），即 k=b。

【答案】 D

（5）以下选项中，可作为 C 语言合法整型常量的是________。

A．1,000　　B．0386　　C．358U　　D．1.2E2

【解析】 C 语言中，整型常量有十进制、八进制、十六进制 3 种形式。十进制整数是以非 0 开始的数，不允许有千位分隔符，选项 A 错误。八进制整数是以 0 开始的数，且只能由 0~7 的数字序列构成，选项 B 错误。十六进制整数是以 0X（或 0x）开始的数，且只能由 0~9，A~F（或 a~f）的数字序列构成。如果在一个整型常量后加 u（或 U），表示它是无符号整数；如果在一个整型常量后加 L（或字母 l），表示它是长整型数。1.2E2 是浮点型常量的表示形式，故 1.2E2 不是整数。

【答案】 C

（6）已知字符 A 的 ASCII 码为十进制的 65，字符 0 的 ASCII 码为十进制的 48，以下程序运行后，输出结果是________。

```
#include <stdio.h>
int main( )
{
    char ch1,ch2;
    ch1='A'+'5'-'3';
    ch2='A'+'6'-'3';
    printf("%d,%c\n",ch1,ch2);
    return 0;
}
```

A．67,D　　B．B,C　　C．C,D　　D．不确定的值

【解析】 在 C 语言中，字符数据可以像整型数据一样进行各种运算，运算时是以字符的 ASCII 码值进行。所以表达式 ch1='A'+'5'-'3'运算时，实际是 ch1=65+53-51，运算后变量 ch1 的值为 67；同理表达式 ch2='A'+'6'-'3'运算后，变量 ch2 的值为 68。输出字符数据时，根据 printf( )函数中的格式控制说明输出，%d 表示按照十进制的形式输出字符的 ASCII 码值，%c 表示输出字符。

【答案】 A

（7）已知 x、y、z 均为 double 类型的变量且已正确赋值，以下选项中，不能正确表示数学式子 x/(y*z)的 C 语言表达式是________。

A．x/y*z　　B．x*(1/(y*z))　　C．x/y*1/z　　D．x/y/z

【解析】 “/”运算符和“*”运算符的优先级相同，结合性是左结合，即按照自左向右的顺序运算，选项 A 是先运算 x/y，然后再乘以 z，与题意不符。

【答案】 A

（8）下面语句序列

```
int x=-1;
printf("%d,%u\n",x,x);
```

在 VC 6.0 环境中运行后，输出结果是________。

A．-1,-1　　B．-1,32767

C．-1, 4294967295　　D．4294967295

【解析】 带符号整数在内存中按照其补码形式存放：正数最高位为 0，其余各位是数值部分；负数最高位为 1，其余各位是对数值的原码取反加 1。无符号整型 unsigned int 在内存中的所有位均为数值位，即连同最高位的 0/1 与各位数码一起计算数值大小。-1 在内存中的存储形式为 11111111111111111111111111111111，若以%u 显示为 4294967295。

【答案】 C

（9）若 x 和 y 都是 int 型变量，且 x=100，y=200，则运行以下语句后，输出结果是________。

```
printf("%d\n",x,y) ;
```

A．200　　B．100

C．100 200　　D．输出格式符不够，输出不确定的值

【解析】 在 printf( )函数中，格式控制说明应与输出项列表的个数、类型相对应。当输出项的个数多于格式控制说明的个数时，多出的输出项不会输出；当输出项的个数少于格式说明的个数，不够的项输出随机数。本题试图输出 x 和 y 的值，但是由于格式控制说明只有一项，所以只能输出 x 的值。

【答案】 B

（10）设 i 是 int 型变量，f 是 float 型变量，用下面的语句从键盘给这两个变量输入值：

```
scanf("i=%d,f=%f",&i,&f);
```

为了把 100 和 765.12 分别赋值给 i 和 f，正确的输入是________。

A．100,765.12　　B．100　765.12

C. i=100 f=765.12　　　　　　　　D. i=100,f=765.12

【解析】 scanf( )函数的形式为“scanf("格式控制字符串",地址列表)”，如果格式控制字符串中有普通字符时，要严格输入普通字符，才能将数据正确输入。以上输入语句中的"i="和",f="都是普通字符，在从键盘输入时，要按字符原样输入；"%d"和"%f"为格式控制说明，在从键盘输入时，要求按指定的数据类型输入，只有D选项是严格按照格式控制字符串的要求进行输入的。

【答案】 D

（11）设有如下定义：

```
int a;
double b;
float c;
char k;
```

则表达式 a/b+c-k 值的类型是________。

A. int　　　　B. double　　　　C. float　　　　D. char

【解析】 不同类型的数据进行运算时，在运算前C语言编译器要把运算对象转换成同一类型，转换的方向如图 1-1 所示。

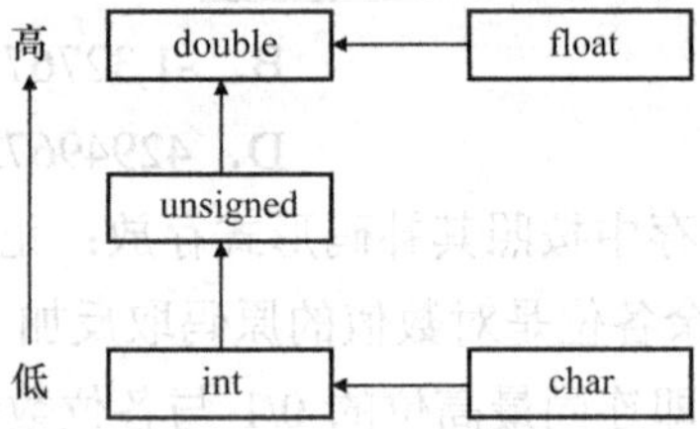

图 1-1　C语言数据类型转换方向示意图

因此，表达式 a/b+c-k 值的类型为 double。

【答案】 B

（12）已知大写字母A的ASCII码值是65，小写字母a的ASCII码值是97，以下不能将变量c中的大写字母转换成对应小写字母的表达式是________。

A. c=(c-'A')%26+'a'　　　　B. c=c+32

C. c=c-'A'+'a'　　　　　　D. c=('A'+c)%26-'a'

【解析】 小写字母的ASCII码值和其对应的大写字母的ASCII码值相差32。选项A表示将变量c中的值与大写字母'A'的ASCII码值的差与小写字母'a' 相加，表达式的值为c中的大写字母对应的小写字母。选项B将变量c中的值与32相加，表达式的值为变量c中的大写字母对应的小写字母；选项C左侧的表达式等价于c+('a'-'A')，即也是将变量c中的值与32相加。选项D不能把大写转换成小写字母。

【答案】 D

2. 读程序写结果

（1）`#include <stdio.h>`

```
#define PI 3.14
int main( )
{
    float r,s;
    r=2.5;
    s=PI*r*r;
    printf("s=%.2f\n",s);
    return 0;
}
```

【解析】 本题中，使用编译预处理命令用 PI 表示 3.14，所以语句：s=PI*r*r 等价于 s=3.14*r*r，运算后变量 s 的值为 19.625。printf 函数中的格式说明%.2f 表示以小数形式输出浮点数，保留 2 位小数，所以运行结果为 19.63。

【答案】 19.63

（2）
```
#include <stdio.h>
int main( )
{
    int x,a,b;
    x=25;
    a=x/10;
    b=x%10;
    printf("%d,%d\n",a,b);
    return 0;
}
```

【解析】 本题中，变量 x 中存放的是两位的整数 25，表达式 a=x/10 是分离出 x 十位上的数，并保存在变量 a 中，表达式 b=x%10 是分离出 x 个位上的数，并保存在变量 b 中，所以程序运行结果为：2，5

【答案】 2，5

（3）
```
#include <stdio.h>
int main( )
{
    int a,b,s;
    a=1;
    b=2;
    s=a+b;
    printf("s=%d\n",s);
    a=10;
    b=20;
    printf("s=%d\n",s);
    return 0;
}
```

【解析】 在 C 语言中，赋值运算符只是执行一个给变量赋值的操作，赋值表达式并不表示数学上的相等关系。语句 s=a+b，表示执行将 a 与 b 的和 3 赋值给变量 s，所以第一个 printf( )函数输出 3，虽然在后面改变了变量 a、b 的值，但是由于没有重新给 s 赋值，所以第二个 printf( )函数输出的还是 3。

【答案】 s=3

s=3

3．程序填空题

（1）下面程序的功能是从键盘输入两个整数，并分别赋给变量 a 和 b，将其交换后输出，请在程序的空白处填入正确的内容，使程序得到正确的结果。

```
#include <stdio.h>
int main( )
{
    int a,b,t;
    scanf("%d%d",&a,&b);
    printf("交换前：a=%d,b=%d\n",a,b);
    t=a;
    a=b;
    ______①______;
    printf("交换后：a=%d,b=%d\n",a,b);
    return 0;
}
```

【解析】 本题是通过第 3 个变量 t，交换两个变量的值，其执行过程如图 1-2 所示。

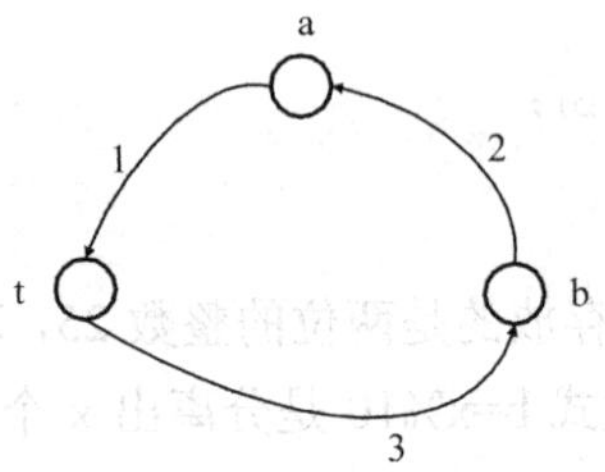

图 1-2　交换两个变量值的执行过程

【答案】 ① b=t

（2）下面程序的功能是根据公式：$c=\dfrac{(a+b)\times 4}{a\times b}$计算 c 的值，其中 a，b 的值从键盘输入。请在程序的空白处填入正确的内容，使程序得到正确的结果。

```
#include <stdio.h>
int main( )
{
    float a,b,c;
    scanf("%f%f",______①______);
    c=______②______;
    printf("c=%.2f\n",c);
    return 0;
}
```

【解析】 C 语言中，scanf( )函数中应该使用变量的地址。在书写表达式时，乘号不能省略，并且还要注意运算符的优先级和结合性。

【答案】 ①　&a,&b

②　(a+b)*4/(a*b)

1.2 练　习　题

1．选择题

（1）下面不是 C 语言合法的用户标识符的是________。

A．abc　　B．5n　　C．_4m　　D．x3

（2）以下程序运行后，输出结果是________。

```
#include <stdio.h>
int main( )
{
    int x=12,y=5;
    printf("%d\n",y=x/y);
    return 0 ;
}
```

A．0　　B．1　　C．2　　D．不确定的值

（3）若变量已正确定义并赋值，以下符合 C 语言语法的表达式是________。

A．a:=b+1　　B．a=b=c-2　　C．int 18.5/3　　D．a=a+7=c+b

（4）已知 x、y、z 已被定义为 int 型变量，若从键盘给变量 x、y、z 输入数据，正确的输入语句是________。

A．INPUT x,y,z;　　B．scanf("%d%d%d",&x,&y,&z);

C．scanf("%d%d%d",x,y,z);　　D．read("%d%d%d",&x,&y,&z);

（5）设 a 和 b 均为 double 型变量，且 a=6.5、b=2.5，则表达式(int)a+b/b 的值是________。

A．6.500000　　B．6　　C．7.500000　　D．7.000000

（6）已知 i、j、k 为 int 型变量，若从键盘输入：3,5,6↙，使 i 的值为 3、j 的值为 5、k 的值为 6，以下选项中正确的输入语句是________。

A．scanf("%2d%2d%2d",&i,&j,&k);　　B．scanf(""%d　%d　%d",&i,&j,&k);

C．scanf("%d,%d,%d",&i,&j,&k);　　D．scanf("i=%d,j=%d,k=%d",&i,&j,&k);

（7）设 x 为 float 型变量且已赋值，则以下语句中能将 x 中的数值保留到小数点后一位，并将第 2 位四舍五入的是________。

A．x=x*10+0.5/10.0;　　B．x=(x*10+0.5)/10.0;

C．x=(int)(x*10+0.5)/10.0;　　D．x=(x/10+0.5)/10.0;

（8）以下程序运行后，输出结果是________。

```
#include <stdio.h>
int main( )
{
    int k=65;
    printf("k=%d,k=%o,k=%c\n",k,k,k);
    return 0;
}
```

A．k=65,k=101,k=A　　B．k=A,k=65,k=65

C. k=65,k=65,k=65　　　　　　　　　　D. k=65,k=0101,k=A

（9）以下程序运行后，输出结果是________。

```
#include <stdio.h>
int main( )
{
    char c='x';
    printf("%c\n",c-32);
    return 0;
}
```

A. x　　　　B. X　　　　C. c　　　　D. c-32

（10）以下不合法的数值常量是________。

A. 0112　　　B. 1.34e1　　　C. 8.0E0.5　　　D. 0x12cd

（11）以下选项中正确定义变量的语句是________。

A. double　a;b,c;　　　　　　　B. double　a,double b=7;

C. double　a=7,b=7;　　　　　　D. double ,a,b;

（12）以下叙述不正确的是________。

A. 一个C语言源程序可由一个或多个函数组成

B. 一个C语言源程序必须包含一个main( )函数

C. C语言程序的基本组成单位是函数

D. 在C语言程序中，注释只能位于一条语句的后面

（13）设有定义：int k=0;

以下选项的4个表达式中，表达式的值与其他3个表达式的值不相同的是________。

A. k++　　　　B. k+=1　　　　C. ++k　　　　D. k+1

（14）以下选项中，与k=n++完全等价的表达式是________。

A. k=n,n=n+1　　　B. n=n+1,k=n　　　C. k=++n　　　D. k+=n+1

2. 读程序写结果

```
#include <stdio.h>
int main( )
{
    float x=32.5,y;
    int a;
    a=(int)x;
    y=x-(int)x;
    printf("x=%f,a=%d,y=%f\n",x,a,y);
    return 0;
}
```

3. 程序填空题

（1）下面程序的功能是从键盘输入一个两位的整数，计算该整数各个数位上的和并输出，例如，输入25，输出7。请在程序的空白处填入正确的内容，使程序得到正确的结果。

```
#include <stdio.h>
int main( )
```

```
{
    ____①____x,s;
    scanf("%d",&x);
    s=____②____;
    printf("s=%d\n",s);
    return 0;
}
```

（2）下面程序的功能是从键盘输入一个小写字母，输出该字母对应的大写字母。请在程序的空白处填入正确的内容，使程序得到正确的结果。

```
#include <stdio.h>
int main( )
{
    char ch;
    ch=____①____;
    putchar(____②____);
    return 0;
}
```

1.3　练习题参考答案

1．选择题

（1）B　（2）C　（3）B　（4）B　（5）D　（6）C　（7）C　（8）A　（9）B

（10）C　（11）C　（12）D　（13）A　（14）A

2．读程序写结果

x=32.500000,a=32,y=0.500000

3．程序填空题

（1）①int　　②x%10+x/10

（2）①getchar( )　　②ch-32

第 2 章

C 语言的基本控制结构

2.1 典型练习及解析

1．选择题

（1）以下程序运行后，输出结果是________。

```
#include <math.h>
#include <stdio.h>
int main( )
{
    double a=-3,b=2;
    printf("%3.0f  %3.0f\n",pow(b,fabs(a)),pow(fabs(a),b));
    return 0;
}
```

A．9　8　　　　　　B．8　9

C．6　6　　　　　　D．以上 3 个答案都不对

【解析】 该题中使用数学库函数 pow(x,y)求 x^y，fabs(x)求 x 的绝对值，因此 pow(b,fabs(a))是求 $b^{|a|}$，pow(a,fabs(b))是求 $a^{|b|}$。

【答案】 B

（2）设 x、y、t 均为 int 型变量，则执行语句段

x=y=0;

t=x++&&++y;

后，变量 x，y 的值分别为________。

A．1，1　　B．0，0　　C．0，1　　D．1，0

【解析】 C 语言中，逻辑与表达式运算将从左到右进行，若遇到左边的运算对象为 0（假），则停止运算。因为此时已经可以断定逻辑表达式的结果为真。当变量写在++运算符前面时，表达式的值为变量加 1 之后的值，当变量写在++运算符后面时，表达式的值为变量加 1 之后的值。本题中，由于变量 x 的值为 0，因此表达式 x++的值为 0（假），表达式++y 并没有进行运算，所以变量 y 值不变，仍然为 0。

【答案】 D

（3）以下程序运行后，输出结果是________。

```
#include <stdio.h>
int main( )
{
    int a=5,b=0,c=0;
    if(a==b+c)
        printf("*****");
        printf("AAAAA\n");
    else
        printf("#####\n");
    return 0;
}
```

A．有语法错误不能编译通过　　B．输出***** AAAAA

C．可以通过编译，但是不能通过链接，因而不能运行　　D．输出#####

【解析】 本题中 if 语句的真分支为多条语句，应该用花括号将其括起来形成一条复合语句，如果不加花括号，会产生"Misplaced else in function "语法错误而不能通过编译。

【答案】 A

（4）以下程序运行后，输出结果是________。

```
#include <stdio.h>
int main( )
{
    int a=5,b=6,t=7;
    if(a>b)
       t=a;a=b;b=t;
    printf("a=%d,b=%d,t=%d\n",a,b,t) ;
    return 0 ;
}
```

A．a=6,b=5,t=7　B．a=5,b=6,t=7　C．a=5,b=6,t=6　D．a=6,b=7,t=7

【解析】 在书写选择结构和循环结构的程序时，一般应采用缩进书写格式来增强程序的可读性，但缩进式的书写格式并不能影响到程序的基本运行机制。本题中，虽然 if 语句的下面一行采用缩进式书写了 3 条语句，但是这 3 条语句因为没有使用花括号括起来形成一条复合语句，所以 if 语句的条件真分支仅为"t=a;"一条语句，而"a=b;b=t;"成为整个 if 语句的后续语句。

【答案】 D

（5）以下程序运行后，输出结果是________。

```
#include <stdio.h>
int main( )
{
    int  a=2,b=-1,c=2;
    if(a<b)
        if(b<0)
    c=0;
    else
    c++;
    printf("%d\n",c);
    return 0 ;
}
```

A. 0　　B. 2　　C. 3　　D. 不确定

【解析】 本题中，虽然采用缩进的形式，将第一个 if 与 else 对应，但是在 C 语言中，else 的配对规则是：else 总和之前最近的、没有配对的 if 配对。因此上面的程序中，else 和第二个 if 配对，形成一条 if…else 语句，嵌套在第一个 if 语句中。由于变量 a 的值为 2、变量 b 的值为-1，if(a<b)的条件不满足，不执行后面的 if…else 语句，因此变量 c 的值仍为 2。

【答案】 B

（6）以下程序运行后，输出结果是________。

```
#include <stdio.h>
int main( )
{
    int a=5,b=4,c=3,d=2;
    if(a>b>c)
          printf("%d\n",d);
    else if((c-1>=d)==1)
          printf("%d\n",d+1);
    else
          printf("%d\n",d+2);
    return 0 ;
}
```

A. 2　　B. 3　　C. 4　　D. 程序编译错误

【解析】 本题中，在执行 if 语句时，先计算第一个 if 中的表达式 a>b>c，由于关系运算符具有左结合性，先计算 a>b，其结果为 1，再计算 1>c，其结果为假。因此需再计算 else 后面的 if 中的表达式(c-1>=d)==1 的值。根据运算符的优先级，先计算圆括号中的表达式 c-1>=d，其结果为 1，再计算 1==1，其结果为 1，因此条件满足，执行语句：printf("%d\n",d+1); 输出结果为 3。

【答案】 B

（7）以下哪个 if 语句与“y=(x>0?x:x<0?-x:0);”的功能相同________。

A.
```
if(x>0) y=x ;
else if(x<0)y=-x;
else y=0;
```

B.
```
if(x)
    if(x>0) y=-x;
    else if(x<0) y=-x;
        else y=0;
```

C.
```
y=-x;
if(x)
   if(x>0) y=x;
   else if(x==0) y=0;
   else y=-x;
```

D.
```
y=0 ;
if(x>=0)
   if(x>0) y=x;
   else y=-x;
```

【解析】 条件运算符具有右结合性，表达式 x<0?-x:0 作为条件运算符的第 3 个表达式，因此表达式 y=(x>0?x:x<0?-x:0)等价于 y=(x>0?x:(x<0?-x:0))，其含义是：若 x>0 则 y=x;否则，若 x<0 则 y=-x;否则，若 x=0 则 y=0。所以只有选项 A 中的 if 语句与“y=(x>0?x:x<0?-x:0);”的功能相同。

【答案】 A

（8）若 a、b、c1、c2、x、y 均是整型变量，以下的 switch 语句中正确的是________。

A.
```
switch(a+b);
{
  case 1:y=a+b;break;
  case 0:y=a-b;break;
}
```

B.
```
switch(a*a+b*b)
{
    case 3:
    case 1: y=a+b;break;
   case 3: y=b-a;break;
}
```

C.
```
switch a
{
  case c1:y=a-b;break;
  case c2:x=a*d;break;
  default:x=a+b;
 }
```

D.
```
switch(a-b)
{
   default:y=a*b;break;
   case 3:case 4:x=a+b;break;
   case 10: case 11:y=a-b;break;
}
```

【解析】 switch 后必须是用圆括号括起来的整型或字符型表达式，但 switch 语句并没有结束，因此表达式后不能有分号，所以选项 A、C 的第一行就出现了错误；其次，case 语句中的表达式应该是整型或字符型的常量或常量表达式，不能出现变量名，所以选项 C 中的“case c1:y=a-b;break;”再次出现错误；最后，switch 语句中各个 case 后的常量表达式的值必须互不相同，所以选项 B 也是错误的。对于选项 D 中的“case 3: case 4:”并列的情况，表示当表达式 a-b 的值为 3 或 4 时，执行语句：“x=a+b;break;”，这在 switch 语句中是允许的。

【答案】 D

（9）以下程序运行后，输出结果是________。

```
#include <stdio.h>
int main( )
{
     char n='c';
     switch(n-32)
     {
        default :printf("error");break;
        case 'a':case 'A':n--;
        case 'b':case 'B':printf("good");break;
        case 'c':case 'C':n--;printf("pass");
        case 'd':case 'D':n--;printf("warn");
     }
     return 0;
}
```

A. error　　　　B. warn　　　　C. pass　　　　D. passwarn

【解析】 switch 语句的执行过程是先计算 switch 后面的表达式，然后将该值依次与 case 后面常量表达式的值进行比较。如果相等，则执行该常量表达式后面的语句，此后不再进行比较，继续执行之后所有 case 后面的语句。由于 switch 后面的表达式 n-32 的值为字符'C'，因此执行语句 n--;printf("pass");由于后面没有 break 语句，所以继续执行语句 printf("warn");因此程序的输出结果为：passwarn。

【答案】 D

（10）以下程序运行后，输出结果是________。

```
#include <stdio.h>
int main( )
{
    int k=0;
    while(k++==0);
    printf("%d\n",k);
    return 0;
}
```

A．0　　B．2　　C．1　　D．有语法错误

【解析】 由于 while 的括号后添加了一个分号，其循环体是空语句，退出循环后才输出变量 k 的值。while 循环条件是表达式：k++==0，第一次进行 while 循环条件判断时，由于 k 的值为 0，所以表达式的值为 1（表达式 k++的值为 0），之后使 k 加 1，k 的值为 1；当再次进行 while 循环条件判断时，表达式 k++==0 的值为 0，之后使 k 加 1，k 的值为 2，退出循环。

【答案】 B

（11）以下程序运行后，输出结果是________。

```
#include<stdio.h>
int main( )
{
    int i;
    for(i=1;i<5;i++)
    {
        if(i%2) printf("*");
        else continue;
        printf("#");
    }
    printf("$\n");
    return 0;
}
```

A．*#*#*#$　　B．#*#*#*$　　C．*#*#$　　D．#*#*$

【解析】 本题中，i 的初始值为 1，当 i 大于等于 5 时，结束循环。在循环体中，若 if 后面的表达式 i%2 的值为非 0（真），即当 i 不能被 2 整除时，执行语句“printf("*");”输出*，然后执行后面的语句“printf("#");”输出#；若表达式 i%2 的值为 0，即 i 能被 2 整除，则执行 continue，结束本次循环，执行下一次循环。当循环结束后，输出$。

【答案】 C

（12）以下程序运行后，输出结果是________。

```
#include <stdio.h>
int main( )
{
    int i,sum;
    for(i=0;i<3;i++)
      sum+=i;
    printf("%d\n",sum);
    return 0;
}
```

A．6　　B．3　　C．不确定　　D．4

【解析】 这是一个基本的循环控制结构程序，由 for 语句控制循环体执行 3 次，当 i 为 4 时退出循环。每次循环时，执行语句“sum+=i;”，将 i 的值累加到变量 sum 中。但因 sum 变量没有赋初值，因此程序运行结束后 sum 的值仍然不能确定。

【答案】 C

（13）有以下程序段：

```
int  k=0;
while(k=1)k++;
```

其中，while 循环执行的次数是________。

A．无限次　　B．有语法错，不能执行

C．一次也不执行　　D．执行 1 次

【解析】 while 语句中，表达式 k=1 的值为 1，因此 while 语句中的循环条件永远为真，是一个“死循环”。

【答案】 A

2．读程序写结果

（1）
```
#include <stdio.h>
int main( )
{
    int n=0,m=1,x=3;
    if(!n) x-=1;
    if(m) x-=2;
    if(x) x-=3;
    printf("%d\n",x);
    return 0;
}
```

【解析】 本题中，3 个 if 语句是并列关系，因此执行了前面的 if 语句后，需继续执行后面的 if 语句。第一个 if 语句中的表达式!n 的值为 1（真），执行语句 x-=1，变量 x 的值为 2；然后执行第二个 if 语句，其后面的表达式 m 的值为 1（真），执行语句 x-=2，变量 x 的值为 0，然后执行第三个 if 语句，其后面的表达式 x 的值为 0（假），不执行语句 x-=3。所以，程序输出 0。

【答案】 0

（2）
```
#include <stdio.h>
int main( )
{
    int  i;
    for(i='a';i<='f';i++)
       printf("%c",i-'a'+'A');
    printf("\n");
    return 0;
}
```

【解析】 本题中，循环变量 i 从字符'a'变化到字符'f'，每次循环输出表达式的 i-'a'+'A'的值。该表达式等价于 i-('a'-'A')即 i-32。语句 printf("%c",i-'a'+'A');的功能是输出变量 i 中存放的字符对应的大写字母。

【答案】 ABCDEF

（3）
```
#include <stdio.h>
int main( )
{
    int k=500,m=0,mc=0;
    while ((k>=2)&&(mc<4))
    {
      if ((k%5==0)||(k%7==0))
      {
         m+=k;
         mc++;
      }
      k--;
    }
    printf("%d\n",m);
    return 0;
}
```

【解析】 本题中，while 语句的循环条件为：(k>=2)&&(mc<4)，每次循环时，执行 if 语句，如果 k 能被 5 整除或者 k 能被 7 整除，则将 k 的值累加到变量 m 中，并将 mc 的值自增 1，因此 mc 可认为是已经累加的次数。语句 k--;在 if 语句之外，每次循环都会自减 1，因此程序的功能是：求 500 以内 4 个最大的能被 5 或 7 整除的整数之和（500、497、495、490），并保存在变量 m 中。

【答案】 1982

3．程序填空题

（1）下面程序从键盘输入 3 个整数，按照从大到小的顺序输出，请在程序的空白处填入正确的内容，使程序得到正确的结果。

```
#include <stdio.h>
int main()
{
    int a,b,c,t;
    scanf("%d%d%d",&a,&b,&c);
    if(______①______)
    {
        t=a; a=b; b=t;
    }
    if(______②______)
    {
        t=b; b=c; c=t;
        if(______③______)
        {
               t=a; a=b; b=t;
        }
    }
    printf("%d,%d,%d\n",a,b,c);
    return 0;
}
```

【解析】 本题要求将变量 a、b、c 的值按从大到小的顺序输出，假定将最大值存放在变量 a 中、中间值存放在变量 b 中、最小值存放在变量 c 中。因此从键盘输入 a、b、c 的值后，将变量 a 与 b 的值比较，如果 a 的值小于 b 的值，将 a 与 b 的值互换；然后将变量 b 的值与 c 的值比较，如果 b 的值小于 c 的值，将 b 与 c 的值互换。此时 b 的值发生了变化，需再将变量 a 与 b 的值比较。

【答案】 ①a<b　　②b<c　　③a<b

（2）下面程序的功能是，从键盘输入方程 $ax^2+bx+c=0$ 的 3 个系数 a,b,c，输出该方程的解（要求能判断方程无实数解、有 2 个不同解、有一个解、a 等于 0 等情况），请在程序的空白处填入正确的内容，使程序得到正确的结果。

```
#include  <stdio.h>
#include  <math.h>
int main( )
{
    float a,b,c,t;
    double t0,x1,x2;
    scanf("%f%f%f",&a,&b,&c);
    if(a==0)
    {
        if(b==0)
        {
            printf("方程无解\n");
        }
        else{
            x1= ______①______;
            printf("x=%.3f\n",x1);
        }
    }
    else
    {
        t = b*b-4*a*c;
        if (t<0)
            printf( "无实数解\n" );
        else  if  ( t==0 )
        {
            x1=______②______;
            printf( "X = %.3f\n",x1);
        }
        else
        {
            ______③______;
            x1=(-b+t0)/(2*a);
            x2=(-b-t0)/(2*a);
            printf( "X1 = %.3f, X2= %.3f\n", x1, x2 );
        }
    }
    return 0;
}
```

【解析】 本题中，先判断系数 a 是否等于 0，如果 a 的值为 0，且 b 的值不为 0，则方程的解为 $-c/b$；如果 a 的值不为 0，计算 $t = b\times b\text{-}4\times a\times c$，然后对 t 的值判断：如果 t 的值小

于 0，则方程无实数解，否则如果 *t* 的值等于 0，则方程只有一个实数解：-*b*/(2**a*)，否则方程有两个解，根据后面计算过程可以看出，*t*0 的值应该是 *t* 的平方根。

【答案】①–c/b　②-b/(2*a)　③t0=sqrt(t)

（3）下面程序的功能是输出所有的 3 位水仙花数，若一个 3 位自然数的各位数字的 3 次方之和等于它本身，则称这个自然数为水仙花数。例如：153（$153=1^3+3^3+5^3$）是水仙花数。请在程序的空白处填入正确的内容，使程序得到正确的结果。

```
#include <stdio.h>
int main( )
{
 int i,a,b,c;
 for(________①________)
 {
     a=i/100;
     b=i/10%10;
     ________②________;
     if(________③________)
         printf("%6d",i);
   }
   return 0;
}
```

【解析】 本题要求输出 3 位水仙花，可以穷举所有的 3 位数，对每个数进行判断，因此使用 for 循环，使变量 i 从 100 循环到 999。为了判断 i 是否是水仙花数，根据其定义，需要将 i 的个位、十位、百位上的数字分离出来，并将其立方和与 i 比较，如果相等则输出 i。

【答案】①i=100;i<=999;i++　②c=i%10　③a*a*a+b*b*b+c*c*c==i

（4）下面程序的功能是按照如下公式计算前 20 项的和。

$$S=1/1+1/2+2/3+3/5+5/8+8/13+\cdots\cdots$$

请在程序的空白处填入正确的内容，使程序得到正确的结果。

```
#include <stdio.h>
int main( )
{
    int a,b,i,t;
    float s=0;
    a=1;
    b=1;
    for(i=1; ________①________;i++)
    {
        s+= ________②________;
        t=a+b;
        a=b;
        ________③________;
    }
    printf("%f\n",s);
    return 0;
}
```

【解析】 通过分析，公式中每个相加项具有如下的规律：后一项的分子是前一项分母，后一项的分母是前一项的分子与分母之和。定义变量 a、b 分别表示当前项的分子和分母，由于要计算前 20 项的和，因此需要循环 20 次，每次循环时将 a/b 的值累加到 s 中，然后递推下一项的分子、分母。

【答案】①i<=20　　②s+=(float)a/b　　③b=t;

（5）已知数列 A 中各项的定义如下所示，下面程序的功能是计算其第 10 项的值。

$$A_1=1,\ A_2=\frac{1}{1+A_1},\ A_3=\frac{1}{1+A_2},\ \cdots,\ A_{10}=\frac{1}{1+A_9}$$

```
#include <stdio.h>
int main ( )
{
    float A=0 ;
    int i;
    for (i=1; i<=_______①_______ ;i++)
        _______②_______;
    printf("A10=%f\n", A ) ;
    return 0;
}
```

【解析】 通过分析，数列中的每一项具有如下的规律：每一项的分子为 1，分母为前一项与 1 的和（A_0 为 0）。由于求 A_{10}，因此需要循环 10 次，每次循环时，根据 A 的值求出当前项。

【答案】①10　　②A=1.0/(1+A)

2.2　练　习　题

1．选择题

（1）以下不能正确计算代数式 $\frac{1}{3}\sin^2(\frac{1}{2})$ 值的 C 语言表达式是________。

A．1/3*sin(1/2)*sin(1/2)　　B．sin(0.5)*sin(0.5)/3

C．pow(sin(0.5),2)/3　　D．1/3.0*pow(sin(1.0/2),2)

（2）以下能正确表示 a 和 b 同时为正或同时为负的表达式是________。

A．(a>=0||b>=0)&&(a<0|| b<0)　　B．(a>=0&&b>=0)&&(a<0&&b<0)

C．(a+b>0)&&(a+b<=0)　　D．a*b>0

（3）以下选项中，当 x 为大于 1 的奇数时，值为 0 的表达式是________。

A．x%2==1　　B．x/2　　C．x%2!=0　　D．x%2==0

（4）以下程序运行后，输出结果是________。

```
#include <stdio.h>
int main( )
{
    int a,b,d=25;
    a=d/10%9;
```

```
    b=a&&(-1);
    printf("%d,%d\n",a,b);
    return 0;
}
```

A. 6,1　　B. 2,1　　C. 6,0　　D. 2,0

（5）以下程序运行后，从键盘上输入 2　6，输出结果是________。

```
#include <stdio.h>
int main( )
{
    int a,b,s;
    scanf("%d %d",&a,&b);
    s=a;
    if(a<b)s=b;s=s*s;
    printf("%d\n",s);
    return 0;
}
```

A. 4　　B. 36　　C. 18　　D. 20

（6）设 ch 是 char 型变量，其值为字符 G，则表达式 ch=(ch>='A'&&ch<='Z')?(ch+32):ch 的值是________。

A. A　　B. a　　C. G　　D. g

（7）有一函数如下：

$$y=\begin{cases}1 & x>0\\ 0 & x=0\\ -1 & x<0\end{cases}$$

以下程序段中不能根据 x 的值正确计算出 y 的值的是________。

A.
```
if(x>0) y=1;
else if(x==0) y=0;
else y=-1;
```

B.
```
y=0;
if(x>0) y=1;
else if(x<0) y=-1;
```

C.
```
y=0;
if(x>=0)
  if(x>0) y=1;
  else y=-1;
```

D.
```
if(x>=0)
  if(x>0) y=1;
  else y=0;
else y=-1;
```

（8）以下 if 语句中，程序运行结果与其他语句不相同的是________。

A. `if(a) printf("%d\n",x); else printf("%d\n",y);`

B. `if(a==0) printf("%d\n",y); else printf("%d\n",x);`

C. `if (a!=0) printf("%d\n",x); else printf("%d\n",y);`

D. `if(a==0) printf("%d\n",x); else printf("%d\n",y);`

（9）以下程序片段所表示的数学函数关系是________。

```
y=-1;
if (x!=0)
    if(x>0) y=1;
    else y=0;
```

A. $y=\begin{cases}-1 & x<0\\ 0 & x=0\\ 1 & x>0\end{cases}$　　B. $y=\begin{cases}1 & x<0\\ -1 & x=0\\ 0 & x>0\end{cases}$

C. $y=\begin{cases}0 & x<0\\ -1 & x=0\\ 1 & x>0\end{cases}$　　D. $y=\begin{cases}-1 & x<0\\ 1 & x=0\\ 0 & x>0\end{cases}$

（10）在嵌套使用 if 语句时，C 语言规定 else 总是________。

A. 和之前与其具有相同缩进位置的 if 配对

B. 和之前与其最近的 if 配对

C. 和之前与其最近的且不带 else 的 if 配对

D. 和之前的第一个 if 配对

（11）设有定义：

```
int a=2,b=4,c=5;
```

以下语句中执行效果与其他 3 个不同的是________。

A. `if(a>b) c=a,a=b,b=c;`　　B. `if(a>b) {c=a,a=b,b=c;}`

C. `if(a>b) c=a;a=b;b=c;`　　D. `if(a>b) {c=a;a=b;b=c;}`

（12）以下程序运行后，从键盘上输入 5　2，输出结果是________。

```
#include <stdio.h>
int main( )
{
    int a,b,k;
    scanf("%d%d",&a,&b);
    if(a) k=a/b;
    else k=b%a;
    printf("%d\n",k);
    return 0;
}
```

A. 5　　B. 3　　C. 2　　D. 0

（13）以下程序运行后，输出结果是________。

```
#include <stdio.h>
int main( )
{
    int x=1,a=0,b=0;
    switch(x)
    {
        case 0: b++;
        case 1: a++;
        case 2: a++;b++;
    }
    printf("a=%d,b=%d\n",a,b);
    return 0;
}
```

A. a=2,b=1　　B. a=1,b=1　　C. a=1,b=0　　D. a=2,b=2

（14）有如下嵌套的 if 语句

```
if(a<b)
  if(a<c) k=a;
  else k=c;
else if(b<c) k=b;
  else k=c;
```

以下选项中与上述 if 语句等价的语句是________。

A. `k=(a<b)?a:b;k=(b<c)?b:c;`　　B. `k=(a<b)?((b<c)?a:b):((b>c)?b:c);`

C. `k=(a<b)?((a<c)?a:c):((b<c)?b:c);`　　D. `k=(a<b)?a:b;k=(a<c)?a:c;`

（15）以下程序运行后，输出结果是________。

```
#include <stdio.h>
int main( )
{
    int x=1,y=0;
    if(!x) y++;
    else if(x==0)
          if (x) y+=2;
          else y+=3;
    printf("%d\n",y);
    return 0;
}
```

A. 3　　B. 2　　C. 1　　D. 0

（16）以下程序运行后，输出结果是________。

```
#include <stdio.h>
int main( )
{
    int x=3,a=1,b=0;
    if(x!=(a+b)) printf("x=3\n");
    else printf("a=b=0\n");
    return 0;
}
```

A. 有语法错，不能通过编译　　B. 通过编译，但不能链接

C. x=3　　D. a=b=0

（17）以下叙述中，正确的是________。

A. 不能使用 do-while 语句构成循环

B. do-while 语句构成的循环，必须用 break 语句才能退出

C. do-while 语句构成的循环，当 while 语句中的表达式值为非零时结束循环

D. do-while 语句构成的循环，当 while 语句中的表达式值为零时结束循环

（18）以下程序运行后，输出结果是________。

```
#include <stdio.h>
int main( )
{
    int  n = 5;
    while(n>2)
```

```
    {
     n--;
     printf("%d",n);
    }
    return 0;
}
```

A．543　　B．432　　C．5432　　D．4321

（19）假设变量 t 为 int 类型，进入下面的循环之前，t 的值为 0。

```
while(t=0)
{
     ......
}
```

以下叙述中正确的是________。

A．循环控制表达式的值为 0　　B．循环控制表达式的值为 1

C．循环控制表达式不合法　　D．以上说法都不对

（20）以下程序的功能是________。

```
#include <stdio.h>
int main( )
{
    int i,s=0;
    for(i=1;i<10;i+=2)
        s+=i+1;
    printf("%d\n",s);
    return 0;
}
```

A．求自然数 1～9 的累加和　　B．求自然数 1～10 的累加和

C．求自然数 1～9 中奇数之和　　D．求自然数 1～10 中偶数之和

（21）下面程序的功能是输出以下形式的金字塔图案。

```
   *
  ***
 *****
*******
```

```
#include <stdio.h>
int main( )
{
    int i,j;
    for(i=1;i<=4;i++)
    {
        for(j=1;j<=4-i;j++)
        printf(" ");
        for(j=1;j<=________;j++)
            printf("*");
        printf("\n");
```

```
    }
    return 0 ;
}
```

在下画线处应填入的是________。

A. i　　B. 2*i-1　　C. 2*i+1　　D. i+2

（22）以下程序运行后，输出结果是________。

```
#include <stdio.h>
int main( )
{
    char b,c;
    int i;
    b='a'; c='A';
    for(i=0;i<6;i++)
    {
        if(i%2==1) putchar(i+b);
        else  putchar(i+c);
    }
    printf("\n");
    return 0;
}
```

A. ABCDEF　　B. AbCdEf　　C. aBcDeF　　D. abcdef

（23）设x，y为int类型变量，以下程序段运行后，变量x的值为________。

```
for(x=1,y=1;y<50;y++)
{
    if (x>=10)  break;
    if(x%2==1)
    {
        x+=5;
        continue;
    }
    x-=3;
}
```

A. 11　　B. 12　　C. 13　　D. 10

（24）若输入字符串：abcde↙，则以下while语句的循环体将执行________次。

```
while ((ch=getchar ( ))== 'e')
    printf(" * ");
```

A. 4　　B. 5　　C. 0　　D. 任意

2. 读程序写结果

（1）
```
#include <stdio.h>
int main( )
{
    int year=2015;
    if((year%4==0&&year%100!=0)||year%400==0)
        printf("yes!\n");
    else
        printf("not!\n");
```

```
        return 0;
    }
```

（2）
```
#include <stdio.h>
int main( )
{
      int rows=5,i,j;
      for(i=1;i<=rows;i++)
      {
          for(j=1;j<=i;j++)
          {
              putchar('0'+j);
              putchar(' ');
          }
          putchar('\n');
      }
      return 0;
}
```

（3）
```
#include <stdio.h>
int main( )
{
      int i,k,m;
      m=20;
      for (i=m+1;;i++) {
           for (k=2;k<i;k++)
              if (i%k==0)
                 break;
              if (k==i)
              {
                  printf("%d\n",i);
                  break;
           }
      }
     return 0;
 }
```

（4）
```
#include <stdio.h>
int main( )
{
      int x=345687,count=0;
      count=0;
      while(x>0)
      {
          x=x/10;
          count++;
      }
      printf("%d\n",count);
      return 0;
}
```

3．程序填空题

（1）下面程序的功能是根据托运货物的计算托运费。托运费计算公式为：重量不超过 40kg 时，每 kg1.5 元，超过 40kg 不超过 80kg 时，其超过 40kg 部分每 kg2.5 元，超过 120kg 时，其超过部分每 kg3.2 元。请在程序的空白处填入正确的内容，使程序得到正确的结果。

```
#include <stdio.h>
int main( )
{
    float weight,money;
    printf("请输入托运货物重量:");
    scanf("%f",_______①_______);
    if(______②______)
        money=1.5*weight;
    else if(______③______)
        money=1.5*40+2.5*(weight-40);
    else
        money=1.5*40+2.5*80+3.2*(weight-120);
    printf("托运费为: %.2f\n",money);
    return 0;
}
```

（2）下面程序的功能是根据公式计算 *S* 的值。

$$S = 1/1-1/3+1/5-1/7+\cdots+1/101$$

请在程序的空白处填入正确的内容，使程序得到正确的结果。

```
#include <stdio.h>
int main( )
{
    int i,j=______①______;
    float s=0.0;
    for(i=0;i<=50;i++) {
        _____②_____;
      j=-j;
    }
    printf("s=%.4f\n",s);
    return 0;
}
```

（3）下面程序的功能是从键盘输入 10 个字符，统计其中的大写字母、小写字母、数字字符的个数，例如输入 ABCab1,2xy，那么输出：大写字母数 3 个,小写字母数 4 个,数字字符数 2 个。请在程序的空白处填入正确的内容，使程序得到正确的结果。

```
#include <stdio.h>
int main( )
{
    int i,upCnt=0,lwrCnt=0,numCnt=0;
    char ch;
    for(i=0;i<10;i++)
    {
        ch=getchar( );
        if(______①______)
            upCnt++;
        else if(______②______)
            lwrCnt++;
        else if(______③______)
            numCnt++;
    }
```

```
    printf("大写字母数%d 个,小写字母数%d 个,数字字符数%d 个\n",upCnt,lwrCnt,numCnt);
    return 0;
}
```

（4）下面程序的功能是，已知某工厂 2005 年的年生产总值为 200 万元，技术革新后预计以后每年的年生产总值都比上一年增长 5%，输出预计年生产总值达到或者超过 300 万元的最早年份（即年产值大于或者等于 300 万元的最早年份）。请在程序的空白处填入正确的内容，使程序得到正确的结果。

```
#include <stdio.h>
int main( )
{
    int year=2005;
    float money;
    money=200.0;
    while(______①______)
    {
        money+=money*0.05;
        ______②______;
    }
    printf("%d 年总产值超过 300 万",year);
    return 0;
}
```

2.3　练习题参考答案

1．选择题

（1）A　（2）D　（3）D　（4）B　（5）B　（6）D　（7）C　（8）D　（9）C

（10）C　（11）C　（12）C　（13）A　（14）C　（15）D　（16）C　（17）D

（18）B　（19）A　（20）D　（21）B　（22）B　（23）D　（24）C

2．读程序写结果

（1）not!

（2）1
12
123
1234
12345

（3）23

（4）6

3．程序填空题

（1）①&weight　②weight<=40　③weight<=80

（2）①1　②s+=(1.0)*j/(2*i+1)

（3）①ch>='A'&&ch<='Z'　②ch>='a'&&ch<='z'　③ch>='0'&&ch<='9'

（4）①money<300　②year++

第 3 章

数组

3.1 典型练习及解析

1. 选择题

（1）定义了一维 int 型数组 a[10]后，下面引用数组元素错误的是________。

A. `a[0]=1;`　　B. `a[10]=2;`　　C. `a[0]=5*2;`　　D. `a[1]=a[2]*a[0];`

【解析】 一维数组元素的引用形式为：数组名[下标]，其中，[ ]内的下标可以是一个常量、变量、表达式，表示数组元素在数组中的位置。C 语言规定：引用数组元素的下标从 0 开始，因此数组元素下标的有效范围是[0，长度]。在引用数组元素时，下标不能超出该范围。

【答案】 B

（2）以下能正确定义数组并正确赋初值的语句是________。

A. `int N=5,b[N][N];`　　B. `int a[1][2]={{1},{3}};`

C. `int c[2][ ]={{1,2},{3,4}}`　　D. `int d[3][2]={{1,2},{3,4}};`

【解析】 选项 A 在定义二维数组时，第一维的长度和第二维的长度使用了变量 N，因此错误。选项 B 定义的是一个 1 行 2 列的二维数组，但初始化时却出现了 2 行，与定义不相符而出错。C 语言规定，在初始化二维数组时，可以省略第一维的长度，不能省略第二维的长度，所以选项 C 错误；选项 D 定义了一个 3 行 2 列的二维数组，并分别初始化了第一行和第二行的两个元素，其余元素则由系统自动置 0。

【答案】 D

（3）以下程序运行后，输出结果是________。

```
#include <stdio.h>
int main( )
{
    int a[3][3]={{1,2},{3,4},{5,6}},i,j,s=0;
    for(i=1;i<3;i++)
        for(j=0;j<=i;j++)
            s+=a[i][j];
    printf("%d\n",s);
    return 0;
}
```

A. 18　　　　B. 19　　　　C. 20　　　　D. 21

【解析】 上面的程序中，外循环 i 从 1 变化到 3，只执行了 2 次：第 1 次循环时，将数组元素 a[1][0]、a[1][1]累加到变量 s 中，s 的值为 7；第 2 次循环时，将数组元素 a[2][0]、a[2][1]、a[2][2]累加到变量 s 中，所以 s 的值为 18。

【答案】 A

（4）以下程序运行后，输出结果是________。

```
#include <stdio.h>
int main( )
{
    int i,a[10];
    for(i=9;i>=0;i--)
         a[i]=10-i;
    printf("%d%d%d",a[2],a[5],a[8]);
    return 0;
}
```

A. 258　　　　B. 741　　　　C. 852　　　　D. 369

【解析】 在上面程序中，循环变量 i 从 9 变化到 0，每次减 1。循环体中将变量 i 作为下标给数组元素赋值。当 i=9 时，a[i]=10-9=1；i=8 时，a[i]=10-8=2；i=7 时，a[i]=10-7=3，依此类推，直到 i=0 时，a[i]=10-0=10，然后输出 a[2]，a[5]，a[8]，其值分别为 8、5、2。

【答案】 C

（5）以下程序运行后，输出结果是________。

```
#include <stdio.h>
int main( )
{
    int a[4][4]={{1,3,5},{2,4,6},{3,5,7}};
    printf("%d,%d,%d,%d\n",a[0][3],a[1][2],a[2][1],a[3][0]);
    return 0;
}
```

A. 0,6,5,0　　　　B. 1,4,7,0　　　　C. 5,4,3,0　　　　D. 输出值不定

【解析】 上面程序是按行给二维数组进行初始化。将第 1 对花括号内的初值依次赋给第 0 行的 a[0][0]、a[0][1]、a[0][2]；将第 2 对花括号内的初值依次赋给第 1 行的 a[1][0]、a[1][1]、a[1][2]；将第 3 对花括号内的初值依次赋给 2 行的 a[2][0]、a[2][1]、a[2][2]，对未赋初值的数组元素，系统自动赋 0。

【答案】 A

（6）下面程序中有错误的语句在第________行。

```
1:  #include <stdio.h>
2:  int main( )
3:  {
4:   float s[5],sz=0;
5:   int i;
6:   for(i=0;i<5;i++)
```

```
7:          scanf("%d",&s[i]);
8:        for(i=0;i<5;i++)
9:          sz+=s[i];
10:       printf("%.2f\n",sz);
11:       return 0;
12: }
```

A. 4　　　　　B. 7　　　　　C. 10　　　　　D. 11

【解析】 第7行的scanf函数中，格式字符%d，与数组s的类型不符。

【答案】 B

2. 读程序写结果

（1）
```
#include <stdio.h>
int main( )
{
    int a[8]={1,1},i;
    for(i=2;i<8;i++) a[i]+=a[i-1]+a[i-2];
    for(i=0;i<8;i++) printf("%d ",a[i]);
    printf("\n");
    return 0;
}
```

【解析】 上面程序中，在定义数组时进行初始化，给数组元素a[0]、a[1]赋初值1，在第一个for循环中，循环变量i从2变化到7，将数组元素a[i]的前面两个元素之和赋值给a[i]。所以循环结束时，数组a中的各元素的值分别为1、1、2、3、5、8、13、21。第二个for循环是输出数组a中各个元素的值。

【答案】 1　1　2　3　5　8　13　21

（2）
```
#include <stdio.h>
int main( )
{
    int i, a[10]={900,1800,2700,3800,5900,3300,2400,7500,3800,2900}, b[6]={0};
    for (i=0; i<10; i++)
        if (a[i] >= 5000)
            b[5]++;
        else
            b[a[i]/1000]++;
    for(i=0; i<6; i++)
        printf("%d ", b[i]);
    printf("\n");
    return 0;
}
```

【解析】 上面程序中，数组b中各个元素被初始化为0。第一个for循环中，将数组元素a[i]与5000进行比较，如果a[i]的值比5000大，则数组元素b[5]的值自增1，否则将a[i]的值除以1000的商作为下标，将数组元素b[a[i]/1000]的值自增1。程序的功能是统计数组a中0～1000，1000～2000，2000～3000，3000～4000，4000～5000，5000以上6个数值段中数的个数。

【答案】 1　1　3　3　0　2

(3)
```
#include <stdio.h>
int main( )
{
    int  a[4][4]={{1,2,-3,-4},{0,-12,-13,14},{-21,23,0,-24},{-31,32,-33,0}};
    int i,j,s=0;
    for(i=0;i<4;i++)
    {
        for(j=0;j<4;j++)
        {
            if(a[i][j]<0) continue;
            else if(a[i][j]==0) break;
            s+=a[i][j];
        }
    }
    printf("%d\n",s);
    return 0;
}
```

【解析】 上面程序的二重循环中，对数组元素的值判断。如果数组元素的值小于 0，则终止本次循环；否则如果等于 0，则跳出内层循环。程序的功能是对二维数组中每行元素中的正数求累加和，如果碰到值为 0 的数组元素时，终止计算。

【答案】 58

(4)
```
#include <stdio.h>
int main( )
{
    int  a[10]={21,22,23,24,25,26,27,28,29,30}, i,n=25,index=-1,len=10;
    for(i=0;i< len;i++)
        if(a[i]==n)
        {
            index=i;
            break;
        }
    if(index==-1)
    {
        printf("未找到！ \n");
        return 0;
    }
    for(i = index;i<len-1;i++)
        a[i] =a[i+1];
    len--;
    for(i=0;i<len;i++)
        printf("%5d",a[i]);
    return 0;
}
```

【解析】 第一个 for 循环中，将数组元素 a[i]的值与 n 比较。如果相等，则将数组元素 a[i]的下标赋值给变量 index，并跳出循环，其功能是找出值为变量 n 的元素在数组 a 中的下标。第二个 for 循环中，循环变量 i 从 index 变化到 len-1，将数组元素 a[i]的下一个元素赋值给 a[i]，即将 index 位置之后的数组元素向前移动。循环结束后，将 index 位置数组元素删除。具体过程如图 3-1 所示。

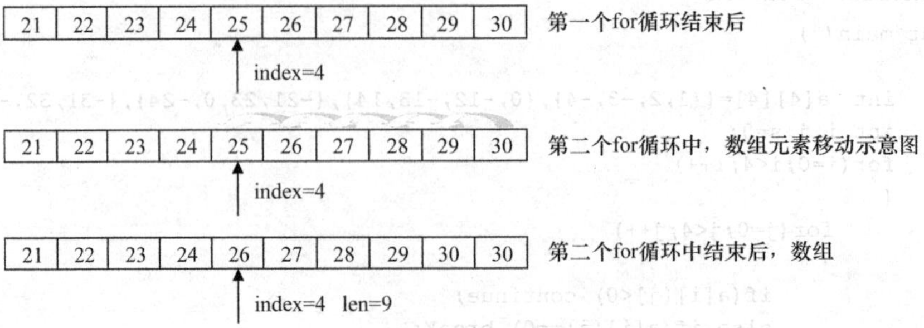

图 3-1 删除数组元素的示意图

【答案】 21 22 23 24 26 27 28 29 30

3．程序填空题

（1）下面程序的功能是求出 1～1000 能被 7 或 11 整除但不能同时被 7 和 11 整除的所有整数，并将它们存放在数组 a 中，然后按每行 10 个数据的格式输出。请在程序的空白处填入正确的内容，使程序得到正确的结果。

```
#include <stdio.h>
int main( )
{
    int aa[1000], i, j = 0 ;
    for(i=1;i<=1000;i++)
         if(((i%7 == 0) || (i%11==0)) && i%77!=0)
                aa[j++] = ______①______;
    for (i=0;i<j; i++ )
        if((i+1)%10==0)
         ______②______;
        else
            printf("%5d", aa[i]) ;
        return 0;
}
```

【解析】 上面程序中第一个 for 循环中，循环变量 i 从 1 变化到 1000，如果 i 能被 7 或 11 整除且不能同时被 7 和 11 整除的所有整数，将 i 的值赋值给数组元素 a[j]，并将 j 的值自增 1。在第二个 for 循环中，如果 i 的值加 1 的和能被 10 整除，输出一个换行符（i+1 的值表示已经输出的个数）。

【答案】 ①i ②printf("\n")

（2）下面程序的功能是计算并输出 100 以内最大的 10 个素数之和。请在程序的空白处填入正确的内容，使程序得到正确的结果。

```
#include <stdio.h>
int main( )
{
    int sum=0,n=0,j,yes,high=100;
    while ((high >= 2)______①______(n < 10))
    {
        yes =1;
        for (j=2; j<=high/2; j++)
```

```
            if (high % j ==0)
            {
                yes=0;
                ______②______;
            }
        if (yes)
        {
            sum +=high;
            n++;
        }
        ______③______;
    }
    printf("sim=%d\n",sum) ;
    return 0;
}
```

【解析】 上面程序中，n 表示已经计算出的素数个数。当 n>=10 时，结束循环；在内层的 for 循环中，如果 high 能被 j 整除，表示 high 不是素数，将标志变量 yes 赋值为 0，并跳出内层循环。内层循环结束后，如果 yes 不为 0，表示 high 为素数，将其累加到变量 sum 中。每次循环后，high 的值自减 1。

【答案】 ①&& ②break ③high--

3.2 练 习 题

1．选择题

（1）以下程序运行后，输出结果是________。

```
#include <stdio.h>
int  main( )
{
    int i, k, a[10], p[3];
    k=5;
    for(i=0;i<10;i++)a[i]=i;
    for(i=0;i<3; i++) p[i]=a[i*(i+1)];
    for(i=0;i<3; i++) k+=p[i]*2;
    printf("%d\n",k);
    return 0;
}
```

A．20　　B．21　　C．22　　D．23

（2）以下定义语句中，错误的是________。

A．`int a[ ]={1,2,3,4,5};`　　B．`char a['D'-'A'];`

C．`char s[10];`　　D．`int n=5,a[n];`

（3）以下程序运行后，输出结果是________。

```
#include <stdio.h>
int main( )
{
    int  n[5] = {0,0,0},i,k = 2;
    for(i = 0; i < k; i++)
```

```
        n[i] = n[i] + 1;
    printf("%d\n",n[k]);
    return 0;
}
```

A. 不确定的值　B. 2　C. 1　D. 0

（4）以下程序执行后，输出结果是________。

```
#include <stdio.h>
int main( )
{
    int p[7]={11,13,14,15,16,17,18},i=0,k=0;
    while(i<7&&p[i]%2)
    {
      k=k+p[i];
      i++;
    }
    printf("%d\n",k);
    return 0;
}
```

A. 24　B. 56　C. 45　D. 58

（5）以下程序运行后，输出结果是________。

```
#include <stdio.h>
int main( )
{
    int  m[ ][3]={1,4,7,2,5,8,3,6,9};
    int  i,k=2;
    for(i=0;i<3;i++)
        printf("%d ",m[k][i]);
    return 0;
}
```

A. 4 5 6　B. 2 5 8　C. 3 6 9　D. 7 8 9

（6）以下程序的功能是输出 a 数组中最小值所在的下标，空白处应填入________。

```
#include <stdio.h>
int main( )
{
    int  i,j = 0,p;
    int a[10]={1,2,3,0,2,-2,3,0,9,2};
    p = j;
    for( i = j; i < 10; i++)
        if(a[i] < a[p])
        _______;
    printf("最小值所在下标为%d\n",p);
    return 0;
}
```

A. i=p　B. a[p]=a[i]　C. p=j　D. p=i

（7）以下程序运行后，输出结果是________。

```
#include <stdio.h>
int main( )
{
```

```
    int i,t[ ][3]={9,8,7,6,5,4,3,2,1};
    for(i=0;i<3;i++)
        printf("%d ",t[2-i][i]);
    return 0;
}
```

A. 7 5 3　　B. 3 5 7　　C. 3 6 9　　D. 7 5 1

（8）以下程序运行后，输出结果是________。

```
#include<stdio.h>
int main( )
{
    int a[5]={1,2,3,4,5},b[5]={0,2,1,3,0},i,s=0;
    for(i=1;i<3;i++)
        s=s+a[b[i]];
    printf("%d\n",s);
    return 0;
}
```

A. 5　　B. 10　　C. 11　　D. 15

2. 读程序写结果

（1）

```
#include <stdio.h>
int main( )
{
    int m[ ]={1,2,3,4,5,6,7,8,9},i,j,k;
    for(i=0;i<4;i++) {
        k=m[i];
        m[i]=m[8-i];
        m[8-i]=k;
    }
    for(j=0;j<9;j++)
        printf("%d ",m[j]);
    putchar('\n');
    return 0;
}
```

（2）

```
#include <stdio.h>
int main( )
{
    int i,a[20]={8,-2,4,5,6,-6,0,1,2,-1},sum,count;
    sum=count=0;
    for(i=0;i<10;i++)
    {
        if(a[i]>0)
        {
            count++;
            sum+=a[i];
        }
    }
    printf("sum=%d,count=%d\n",sum,count);
    return 0;
}
```

（3）

```
#include <stdio.h>
int main( )
```

```
{
    double  s,a[9]={12.0,34.0,4.0,23.0,34.0,45.0,18.0,3.0,11.0};
    int  i;
    s=0;
    for(i=0;i<8;i++)
    {
        s+=(a[i]+a[i+1])/2;
    }
    printf("s=%f\n",s);
    return 0;
}
```

3．程序填空题

（1）下面程序的功能是：从键盘输入一批成绩，保存在数组 score 中，以负数结束。例如：90　83　76　57　65　43　62　100　-1，统计并输出大于等于 60 分的个数。请在程序的空白处填入正确的内容，使程序得到正确的结果。

```
#include  <stdio.h>
#define LENGTH 100
int main( )
{
    int score[LENGTH],i=-1,count=0,len;
    do{
        i++;
        scanf("%d",_______①_______);
    }while(______②______);
    len=i;
    for(i=0;______③______;i++)
    {
        if(______④______)
            count++;
    }
    printf("count=%d\n",count);
    return 0;
}
```

（2）下面程序的功能是求出二维数组 t 中每列的最小元素的值，并依次放入一维数组 p 中，然后输出。请在程序的空白处填入正确的内容，使程序得到正确的结果。

```
#include <stdio.h>
#define M 3
#define N 4
int main( )
{
    int t[M][N]={{22,-45,56,30},
                 {19,-33,45,38},
                 {20,22,66,40}};
    int p[N],i,j;
    for(i=0;i<N;i++)
    {
        p[i]= ______①______;
    for(j=0;j<M;j++)
    {
```

```
        if(______②______)
           ______③______;
        }
    }
    for(i=0;i<N;i++)
            printf("%8d",p[i]);
    return 0;
}
```

（3）下面程序的功能是在数组scroe中存放了若干个学生的成绩，输出低于平均成绩的成绩和人数。请在程序的空白处填入正确的内容，使程序得到正确的结果。

```
#include <stdio.h>
int main( )
{
    int i, j,n, below[9] ,score[9] = {10, 20, 30, 40, 50, 60, 70, 80, 90} ;
    float aver = 0.0 ;
    for(i=0;i<9;i++)
        aver += score[i] ;
    aver=______①______;
    for(j=0,i=0;i<9;i++)
        if(score[i] < aver)
        below[j++] =______②______ ;
    n=j;
    printf("低于平均成绩的人数：%d\n",n);
    for (i = 0 ; i < n ; i++)
        printf("%d ", ______③______) ;
    return 0;
}
```

3.3 练习题参考答案

1．选择题

（1）B （2）D （3）D （4）A （5）C （6）D （7）B （8）A

2．读程序写结果

（1）9 8 7 6 5 4 3 2 1 （2）sum=26,count=6 （3）172.500000

3．程序填空题

（1）①&score[i] ②score[i]>0 ③i<len ④score[i]>=60

（2）①t[0][i] ②p[i]>t[j][i] ③p[i]=t[j][i]

（3）①aver/9 ②score[i] ③below[i]

第 4 章

函数

4.1 典型练习及解析

1．选择题

（1）以下程序运行后，输出结果是________。

```
#include<stdio.h>
int func(int a,int b);
int main( )
{
    int x=6,y=7,r;
    r=func(x,y);
    printf("%d\n",r);
    return 0;
}
int func(int a,int b)
{
    int c ;
    c=a+b;
    return c;
}
```

A．11　　B．13　　C．42　　D．不确定

【解析】 函数 func( )的功能是返回两个形参的和，在主函数中调用函数 func( )，实参是 x 和 y，函数 func( )的返回值为 6+7=13。

【答案】 B

（2）若在程序中定义了如下的函数：

```
double myadd(double a,double b)
{
   return (a+b);
}
```

以下选项中，对该函数进行声明时，错误的是________。

A．double myadd(double a,b);　　B．double myadd(double ,double);

C．double myadd(double b,double a);　　D．double myadd(double x,double y);

【解析】 在C语言中，当被调用函数的定义在函数调用的后面，且函数类型不为整型或字符型时，在调用函数之前应该对其进行函数声明。在声明函数时，需指明函数类型、函数名、形参类型及个数，但是形参名可以忽略。选项B没有指定参数的名称，是允许的，选项C和选项D中参数的名称和函数定义所使用的参数名称不相同也是允许的，而选项A没有指定第2个参数的类型，是错误的。

【答案】 A

（3）以下程序运行后，输出结果是________。

```
#include <stdio.h>
void fun(int k) ;
int main( )
{
    int w=5 ;
    fun(w) ;
    printf("\n") ;
    return 0;
}
void fun(int k)
{
    if(k>0) fun(k-1) ;
    printf("%d ",k) ;
    return ;
}
```

A. 5 4 3 2 1　　B. 0 1 2 3 4 5　　C. 1 2 3 4 5　　D. 5 4 3 2 1 0

【解析】 函数的递归调用就是在调用一个函数的过程中又出现直接或间接地调用该函数本身。fun 函数共被调用 6 次，即 fun(5)、fun(4)、fun(3)、fun(2)、fun(1)、fun(0)。其中fun(5)是 main( )函数中调用的，其余是在 fun( )函数中调用的。

【答案】 B

（4）以下程序运行后，输出结果是________。

```
#include <stdio.h>
int fun(int u,int v);
int main( )
{
    int a=24,b=16,c;
    c=fun(a,b);
    printf("%d\n",c);
    return 0;
}
int fun(int u,int v)
{
    int w ;
    while(v)
    {
        w=u%v ;
        u=v ;
        v=w ;
    }
    return u ;
}
```

A. 4　　B. 6　　C. 8　　D. 16

【解析】上面程序是用辗转相除法求两个正整数的最大公约数。辗转相除法的思想是：先把两个正整数中较大的一个作为被除数，较小的一个作为除数，求相除后的余数；只要余数不为0，再把除数作为被除数，余数作为除数，求新的余数；只要余数不为0，又把上一步的除数作为被除数，上一步的余数作为除数，如此下去，直到余数为0。当余数为0时，当前的除数的值就是所求的最大公约数的值。本题中函数fun( )就是用辗转相除法求两个正整数u和v的最大公约数。当u=24，v=16时，最大公约数为8。

【答案】C

（5）以下程序运行后，输出结果是________。

```
#include <stdio.h>
#define M(x,y,z) x*y+z
int main( )
{
    int a=1,b=2,c=3;
    printf("%d\n",M(a+b,b+c,c+a));
    return 0;
}
```

A．19　　　B．17　　　C．15　　　D．12

【解析】#define M(x,y,z) x*y+z是带参数的宏定义，在编译预处理时，不但要用宏体替换宏名，而且要用实参替换形参，因此，本题语句printf("%d\n",M(a+b,b+c,c+a));在编译预处理后，被替换为printf("%d\n",a+b*b+c+c+a);其中输出列表中的值是12。

【答案】D

（6）以下程序运行后，输出结果是________。

```
#include <stdio.h>
int x=3;
void incre( );
int main( )
{
    int i;
    for(i=1;i<x;i++)
        incre( );
    return 0;
}
void incre( )
{
    static int x=1;
    x*=x+1;
    printf("%d  ",x);
    return ;
}
```

A．3 3　　　B．2 2　　　C．2 6　　　D．2 5

【解析】函数incre( )中定义了一个静态局部变量x，它的作用范围仅限于本函数中，而不会影响main( )函数中的x值，所以main( )中执行两次for循环。第一次调用incre( )函数时，函数中x的初值是1，执行x*=x+1;语句后，变量x的值为2，随后输出2；在第二次调用incre ( )函数时，x的值仍然是上次调用时的值，执行语句x*=x+l后，变量x的值是6，故又输出6。

【答案】 C

（7）以下程序运行后，输出结果是________。

```
#include <stdio.h>
void f(int v, int w);
int main( )
{
    int x=1,y=3,z=2;
    if(x>y)    f(x,y);
    else if(y>z)   f(y,z);
    else     f(x,z);
    printf("%d,%d,%d\n",x,y,z);
    return 0;
}
void f(int v, int w)
{
   int t;
   t=v; v=w; w=t;
   return ;
}
```

A. 1,2,3　　B. 3,1,2　　C. 1,3,2　　D. 2,3,1

【解析】 上面程序中，变量 x=1，y=3，z=2，不满足 x>y 的条件，满足 y>z 的条件，因此执行语句 f(y,z) ;在函数 f( )中，试图对形参 v、w 进行交换。但是，在 C 语言中函数调用时，实参和形参占用的是不同的存储单元，实参和形参之间是一种单向的传递关系。因此对 v、w 的改变，不影响实参 y、z。因此 y=3，z=2。

【答案】 C

（8）以下程序的功能是计算并输出数组 x 中所有数组元素的和，在空白处应填入的是________。

```
#include <stdio.h>
int fun(int a[ ]);
int main( )
{
    int x[10]={1,2,3,4,5,6,7,8,9,0},sum;
    sum=_______;
    printf("%d\n",sum);
    return 0;
}
int fun(int a[ ])
{
    int i,s=0;
    for(i=0;i<10 ;i++)
        s+=a[i];
    return s ;
}
```

A. fun(x)　　B. fun(x[10])　　C. fun(a)　　D. fun(a[10])

【解析】 上面程序中，函数 fun( )的形参为整型一维数组。在 C 语言中，如果函数的形参为一维数组，相应的调用形式为：函数名(数组名)。因此选项 A 正确。选项 C 因为主函数中没有定义数组 a，所以错误。

【答案】 A

（9）以下程序运行后，输出结果是________。

```
#include <stdio.h>
void fun(int a[ ]);
int main( )
{
    int x[5]={1,2,3,4,5},i;
    fun(x) ;
    for(i=0;i<5;i++)
        printf("%d  ",x[i]);
    printf("\n");
    return 0;
}
void fun(int a[ ])
{
    int t;
    t=a[0];a[0]=a[1];a[1]=t;
    return ;
}
```

A. 1 2 3 4 5　　　　B. 5 4 3 2 1

C. 2 1 3 4 5　　　　D. 5 2 3 4 1

【解析】 上面程序中，函数 fun( )的形参为整型一维数组，并且在函数中交换了数组元素 a[0]、a[1]的值。使用数组名作实参进行传递时，实参数组和形参数组共用同一段存储单元。在被调函数中对形参数组进行操作时，实际是对实参数组进行操作，因此函数调用，数组 x 中各元素的值为 2，1，3，4，5。

【答案】 C

2．读程序写结果

（1）
```
#include <stdio.h>
double  fun( double  x, int  y) ;
int main( )
{
   double a=2.5;
   int n=3;
   printf("a^3=%f\n",fun(a,n));
   return 0;
}
double  fun( double  x, int  y)
{
   int  i;
   double  z;
   for(i=1, z=1; i<=y;i++)
       z=z* x;
   return z;
}
```

【解析】 上面程序定义了函数 fun( )，在函数体中，使 i 从 1 循环到 y，每次循环将形参 x 的值累乘到变量 z 中，并返回 z，因此函数 fun( )的功能是计算 x 的 y 次方。因此在主函数中调用 fun 函数，将 a、n 作为实参，返回 2.5 的 3 次方。

【答案】 a^3=15.625000

（2）
```
#include <stdio.h>
int IsPrime(int n)
{
      int i,m=1;
      for(i=2;i<n;i++)
            if(!(n%i))
            {
                  m = 0;
                  break;
            }
      return m;
}
int main( )
{
      int i, k=90;
      for(i=2;i<=k;i++)
           if(k%i==0&&IsPrime(i))
                printf( " %4d", i);
      printf("\n");
      return 0;
}
```

【解析】 上面的程序中，定义了函数 IsPrime( )，在函数体中，将变量 m 初始化为 1，在 for 循环中，循环变量 i 从 2 循环到 n，如果 n 除以 i 的值为 0（表达式!(n%i)表示将 n%i 的值取反），则给变量 m 赋值 0，并跳出循环，返回 m 的值。该函数的功能是若形参 n 的值为素数，返回 1，否则返回 0。在主函数中，循环变量从 2 循环到 k（包括 k），如果 i 能整除 k，并且 i 是素数，则输出 i。程序的功能是输出 90 的质因子。

【答案】 2 3 5

（3）
```
#include <stdio.h>
void f(int a[ ],int i,int j)
{
  int t;
  if(i<j)
  {
     t=a[i];a[i]=a[j];a[j]=t;
     f(a,i+1,j-1);
  }
  return ;
}
int main( )
{
     int i,data[5]={1,2,3,4,5};
     f(data,0,4);
     for(i=0;i<5;i++)
          printf("%5d",data[i]);
     return 0;
}
```

【解析】 上面的程序中，函数 f( )的形参是一个整型的一维数组，在函数体中对形参 i 和 j 进行判断，如果形参 i 的值比 j 的值小，将数组元素 a[i]、a[j]的值交换，然后递归调用函数 f( )，并将数组 a、i+1、j-1 的值作为实参。在主函数中，将数组 data、0、4 作为实参，调用函数 f( )。函数 f 执行时，将数组元素 a[0]、a[4]的值交换，再执行语句 f(a,1,3)，将数组元素 a[1]、a[3]的值交换，再执行语句 f(a,2,2)，此时由于 i<j 不满足，终止递归。程序的功能是通过递归调用，将数组 data 中，从下标 0 开始到下标 4 之间的元素的值逆序。

【答案】 5　4　3　2　1

3．程序填空题

（1）函数 fun 的功能是将 n 个学生的考试成绩进行分段统计，考试成绩放在 a 数组中，各分段的人数存到 b 数组中：成绩为 60 到 69 的人数存到 b[0]中，成绩为 70 到 79 的人数存到 b[1]中，成绩为 80 到 89 的人数存到 b[2]中，成绩为 90 到 99 的人数存到 b[3]中，成绩为 100 的人数存到 b[4]中，成绩为 60 分以下的人数存到 b[5]中。例如，如果 a 数组中的数据是 93、85、77、68、59、43、94、75、98。调用该函数后，b 数组中存放的数据应是：1、2、1、3、0、2。请在程序的空白处填入正确的内容，使程序得到正确的结果。

```
#include <stdio.h>
void fun(int a[ ], int b[ ], int n)
{
     int  i;
     for (i=0; i<6; i++)  b[i] = 0;
     for (i=0; ______①______; i++)
         if (a[i] < 60)
             b[5]++;
         ______②______
             b[(a[i]- 60)/10]++;
     return;
}
int main( )
{
     int  i, a[100]={ 93, 85, 77, 68, 59, 43, 94, 75, 98}, b[6];
     fun(______③______, 9);
     printf("the result is: ");
     for (i=0; i<6; i++)
         printf("%d ", b[i]);
     printf("\n");
     return 0;
}
```

【解析】 函数 fun( )中，为了对数组 a 中存放的成绩进行统计，需要对数组 a 中的各个元素的值进行判断，由于形参 n 表示数组 a 中存放的成绩个数，所以循环变量应该从 0 变化到 n，第一个空的代码为 i<n。在循环体中，当数组元素 a[i]的值小于 60 时，b[5]自增 1，否则，根据将数组 b 中下标为(a[i]- 60)/10 的数组元素自增 1，所以第二个空的代码为 else。在主函数中调用 fun 函数时，实参应该为数组名，调用形式为 fun(a,b, 9);

【答案】 ①i<n　　②else　　③a,b

（2）函数 factSum( )的功能是计算形参 x 的因子的和（不包括 x 本身），主函数中调用函数 factSum( )，计算并输出 2000 以内的亲密数对。亲密数对的定义为：若正整数 a 的所有因子（不包括 a 本身）的和为 b，b 的所有因子（不包括 b）的和为 a，且 a 不等于 b，则称 a 和 b 为亲密数对。请在程序的空白处填入正确的内容，使程序得到正确的结果。

```
#include <stdio.h>
int factSum(int x)
{
    int i,sum=0;
    for(i=1; ______①______;i++)
    {
        if(x%i==0)
            sum+=i;
    }
    ______②______;
}
int main( )
{
    int i,j;
    for(i=2;i<=2000;i++)
    {
        j=factSum(i);
        if(______③______)
            printf("%d,%d\n",i,j);
    }
    return 0;
}
```

【解析】 函数 factSum( )需要计算形参 x 的因子的和，因此在 for 循环中，循环变量应从 1 变化到 x（不包括 x），并判断 i 是否是 x 的因子，如果是则将变量 i 的值累加到变量 sum 中。因此第一个空的代码为 i<n。在循环结束后，应该返回 sum 的值，所以第二个空的代码为 return sum。在主函数的 for 循环中，循环变量 i 从 2 变化到 2000，循环体中为了计算 i 的亲密数，调用函数 factSum( )，计算 i 的因子的和并保存在变量 j 中。根据亲密数对的定义，如果 j 不等于 i，并且 j 的因子的和等于 i 的值，则 j 是 i 的亲密数。所以第三个空代码为 j!=i&&factSum(j)==i。

【答案】 ① i<x　　② return sum　　③ j!=i&&factSum(j)==i

4.2 练　习　题

1．选择题

（1）以下程序运行后，输出结果是________。

```
#include <stdio.h>
int f(int  a)
{
    int  b=0;
    static int c=3;
    b++;
    c++;
    return(a+b+c);
}
int main( )
{
```

```
    int  a=2, i;
    for(i=0;i<3;i++)
        printf("%d\n",f(a));
    return 0;
}
```

A.	B.	C.	D.
7	7	7	7
8	9	10	7
9	11	13	7

（2）以下程序运行后，输出结果是________。

```
#include <stdio.h>
int a,b;
void fun( );
int main( )
{
    int  a=5,b=7;
    fun( );
    printf("%d,%d\n",a,b);
    return 0;
}
void fun( )
{
    a=100;
    b=200;
    return;
}
```

A．100,200　　B．5,7　　C．200,100　　D．7,5

（3）下面程序运行后，输出结果是________。

```
#include <stdio.h>
void reverse(int a[ ],int n);
int main( )
{
    int b[10]={1,2,3,4,5,6,7,8,9,10};
    int i,s=0;
    reverse(b,8);
    for(i=6;i<10;i++)  s+=b[i];
    printf("%d\n",s);
    return 0;
}
void reverse(int a[ ],int n)
{
    int i,t;
    for(i=0;i<n/2;i++)
    {
        t=a[i];a[i]=a[n-1-i];a[n-1-i]=t;
    }
    return;
}
```

A．22　　B．10　　C．34　　D．30

（4）以下程序运行后，输出结果是________。

```
#include <stdio.h>
int  m=13;
int fun2(int x,int y) ;
int main( )
{
    int a=7,b=5;
    printf("%d\n",fun2(a,b)/m);
    return 0;
}
int fun2(int x,int y)
{
    int m=3;
    return(x*y-m);
}
```

A. 1　　B. 2　　C. 7　　D. 10

（5）以下程序运行后，输出结果是________。

```
#include <stdio.h>
int  fun(char s[ ]);
int main( )
{
    char s[10]={ '6', '1','*','4','*', '9', '*', '0', '*'};
    printf("%d\n",fun(s));
    return 0;
}
int  fun(char  s[ ])
{
    int  n=0,i=0;
    while(s[i]<='9'&&s[i]>='0')
    {
    n=10*n+s[i]-'0';
    i++;
    }
    return(n);
}
```

A. 9　　B. 61490　　C. 61　　D. 5

（6）以下程序运行后，输出结果是________。

```
#include <stdio.h>
int fib(int n);
int main( )
{
    printf("%d\n",fib(4));
    return 0;
}
int fib(int n)
{
    if(n > 2)
        return (fib(n-1) + fib(n-2));
    else
        return (2);
}
```

A. 2　　B. 4　　C. 6　　D. 8

（7）以下程序运行后，输出结果是________。

```
#include <stdio.h>
int func(int a, int b);
int main( )
{
    int  x=2,y=5,z=8,r;
    r=func(func(x,y),z);
    printf("%d\n",r);
    return 0;
}
int func(int a, int b)
{
    return a+b;
}
```

A．12　　B．13　　C．14　　D．15

（8）在调用函数时，如果实参是简单变量，它与对应形参之间的数据传递方式是______。

A．地址传递　　B．单向值传递

C．由实参传给形参，再由形参传回实参　　D．传递方式由用户指定

（9）以下程序运行后，输出结果是________。

```
#include <stdio.h>
#define N 4
void fun(int a[ ][N],int b[ ]);
int main( )
{
    int x[ ][N]={{1,2,3},{4},{5,6,7,8},{9,10}},y[N],i;
    fun(x,y);
    for(i=0;i<N;i++)
        printf("%d,",y[i]);
    printf("\n");
    return 0;
}
void fun(int a[ ][N],int b[ ])
{
    int i;
    for(i=0;i<N;i++)
        b[i]=a[i][i];
    return;
}
```

A．1,2,3,4,　　B．1,0,7,0,　　C．1,4,5,9,　　D．3,4,8,10,

（10）若程序中有宏定义：

```
#define  N  100
```

则以下叙述中正确的是________。

A．定义了变量 N 的值为整数 100

B．在编译程序对 C 源程序进行预处理时用 100 替换标识符 N

C．对 C 源程序进行编译时用 100 替换标识符 N

D．在运行时用 100 替换标识符 N

2. 读程序写结果

（1）
```
#include <stdio.h>
 int leap(int year);
 int sumday(int year,int month,int day);
 int main( )
 {
      int year=2015,month=4,day=5;
      printf("%d\n",sumday(year,month,day));
      return 0;
 }
  int sumday(int year,int month,int day)
  {
      int days[ ]={0,31,28,31,30,31,30,31,31,30,31,30,31},i;
      for(i=1;i<month;i++)
          day+=days[i];
      if(leap(year)&&month>=3)
          day++;
      return day;
  }
  int leap(int year)
  {
      return (year%4==0&&year%100!=0)||year%400==0;
  }
```

（2）
```
#include <stdio.h>
int fun(int n)
{
    if(n==1||n==2)
        return 1;
     else
        return fun(n-1)+fun(n-2);
}
int main( )
{
      int i;
      for (i=1 ; i<=5 ; i++)
           printf("%d ",fun(i)) ;
      printf("\n");
      return 0;
}
```

3. 程序填空题

（1）函数 float e(int n)的功能是计算$e = 1 + \frac{1}{1!} + \frac{1}{2!} + \ldots + \frac{1}{n!}$，并返回结果。要求：计算到后面的第 *n* 项，例如当 *n*=5 时，返回值为 2.716667。请在程序的空白处填入正确的内容，使程序得到正确的结果。

```
#include <stdio.h>
_______①_______;
int main( )
{
    float e;
    int n,i;
    scanf("%d",&n);
    for(i=0,e=0;i<=n;i++)
        e+=_______②_______;
    printf("e=%f\n",e);
}
```

```
float fun(int n)
{
    float s=1;
    int i;
    for(i=1;i<=n;i++)
        ______③______;
    return s;
}
```

（2）用选择法对数组中的 *n* 个元素按从小到大的顺序进行排序。请在程序的空白处填入正确的内容，使程序得到正确的结果。

```
#include <stdio.h>
#define N 20
void fun(int a[ ],int n)
{
     int i,j,t,p;
     for (i=0;i<n-1;i++) {
        _____①_____;
        for (j=i;j<n;j++)
            if(a[j]<a[p])
              ______②______;
        t=a[p];a[p]=a[i];a[i]=t;
     }
     return;
}
int main( )
{
     int a[N]={9,6,8,3,-1},i,m=5;
     printf("排序前的数据: ");
     for(i=0;i<m;i++)
        printf("%d  ",a[i]);
     printf("\n");
    ______③______;
     printf("排序后的数据: ");
     for (i=0;i<m;i++)
        printf("%d  ",a[i]);
     printf("\n");
     return 0;
}
```

4.3 练习题参考答案

1．选择题

（1）A　（2）B　（3）A　（4）B　（5）C　（6）C　（7）D　（8）B　（9）B　（10）B

2．程序阅读题

（1）95　　（2）1 1 2 3 5

3．程序填空题

（1）①float fun(int n)　②1.0/fun(i)　③s*=i

（2）①p=i;　②p=j;　③fun(a,m)

第5章 指针

5.1 典型练习及解析

1. 选择题

（1）若有以下定义语句：

```
double r=99,*p=&r;
*p=r;
```

则以下叙述中正确的是________。

A. 以上两处的*p 的含义相同，都是给指针变量 p 赋值

B. 在“double r=99,*p=&r;”中，把 r 的地址赋给了 p 所指的存储单元

C. 语句“*p=r;”把变量 r 的值赋给指针变量 p

D. 语句“*p=r;”将变量 r 的值赋值给变量 r

【解析】 在语句“double r=99,*p=&r;”中“*”是指针类型说明符，表示定义一个指向 double 类型的指针变量 p，其中的“p=&r”表示将指针变量 p 初始化为变量 r 的地址；而语句“*p=r;”中“*”是一个指针运算符，表示通过指针变量 p 间接访问它所指向的变量 r，语句“*p=r;”表示给指针变量 p 所指向的变量 r 赋值，并不是表示给指针变量 p 赋值。

【答案】 D

（2）以下程序运行后，输出结果是________。

```
#include <stdio.h>
#include <string.h>
int main( )
{
    char s[ ]="\n123\123\\";
    printf("%d,%d\n",strlen(s),sizeof(s));
    return 0;
}
```

A. 赋初值的字符串有错　　B. 6,7　　C. 5,6　　D. 6,6

【解析】 在 C 语言中，系统会在字符串的最后一个字符后面添加'\0'作为字符串结束标志，但'\0'不计入字符串的长度。可以用字符串初始化字符数组，字符串结束标志'\0'在字符

数组中要占用一个字节，在本例中，"\n123\123\\"字符串从左至右包含\n（换行符）、1、2、3（3 个数字字符）、\123（转义字符）、\\（反斜杠转义字符）6 个字符。sizeof 运算符是求运算对象所占用的字节数，字符数组 s 所占用的字节数为 7。

【答案】 B

（3）以下程序段运行后，变量 i 的值为________。

```
int i;
char *s="abcd\012\nefgh";
for(i=0;*s++;i++);
```

A. 4　　B. 10　　C. 2　　D. 12

【解析】 *s++作为 for 语句中的循环条件，相当于*s!='\0'，然后执行 s++，即先将指针变量 s 所指向的字符与'\0'比较后的值作为循环条件。但是，不论条件是否成立，都要做一次 s++，即移动一次指针。因为每个字符串末尾均以'\0'作为结束标志，当指针移动到'\0'时循环条件*s++的值为'\0'，即为 0，循环结束。所以语句 for(i=0;*s++;i++);的功能是计算字符串的长度，并保存在变量 i 中。

【答案】 B

（4）以下程序执行后，输出结果是________。

```
#include <stdio.h>
int main( )
{
    int i,x[3][3]={9,8,7,6,5,4,3,2,1},*p;
    p=&x[1][1];
    for(i=0;i<4;i+=2)
        printf("%d  ",p[i]);
    return 0;
}
```

A. 5 2　　B. 5 1　　C. 5 3　　D. 9 7

【解析】 上面程序中，语句：p=&x[1][1];是将二维数组 x 的数组元素 x[1][1]的地址赋值给指针变量 p，使 p 指向 x[1][1]这个数组元素。那么 p[0]即为指针变量 p 当前所指向的数组元素 x[1][1]的值。在 for 循环中，当 i=0 时，输出 p[0]的值，即输出数组元素 x[1][1]的值；当 i=2 时，输出 p[2]的值，即输出数组元素 x[2][0]的值。

【答案】 C

（5）以下程序运行后，输出结果是________。

```
#include "stdio.h"
int main( )
{
    int a[ ]={1,2,3,4,5,6,7,8,9,10,11,12};
    int *p=a+5,*q=NULL;
    *q=*(p+5);
    printf("%d %d\n",*p,*q);
    return 0;
}
```

A. 运行后出错　　B. 6 6　　C. 6 12　　D. 5 5

【解析】 上面程序中，定义了指针变量p，并把数组元素a[5]的地址赋给指针变量p，定义了指针变量q，并把NULL赋给指针变量q。由于NULL表示该指针没有指向任何变量（空指针），通过指向（取内容）运算符“*”，间接地访问指针变量所指向的变量时，程序运行后出错。

【答案】 A

（6）若已定义：

```
int a[9],*p=a;
```

并在以后的语句中未改变p的值，不能表示a[l]地址的表达式是________。

A．p+l　　B．a+l　　C．a++　　D．++p

【解析】 数组名是指针常量，不能给数组名赋予一个新的地址值。

【答案】 C

（7）以下程序运行后，输出结果是________。

```
#include<stdio.h>
#include<string.h>
int main( )
{
    char *sl="AbCdEf",*s2="aB";
    s1++;
    s2++;
    printf("%d\n",strcmp(s1,s2));
    return 0;
}
```

A．正数　　B．负数　　C．零　　D．不确定的值

【解析】 程序中将字符串"AbCdEf"、"aB"的首地址分别赋值给指针变量sl、s2。s1++和s2++是将指针变量向后移动一个位置，sl指向的字符串为"bCdEf"，s2指向的字符串为"B"。strcmp(s1,s2)是字符串比较函数，当s1>s2时返回值为正数，当s1<s2时返回值为负数，当s1=s2时返回值为零，其比较规则是字符串s1和s2的第一个字符开始比较，直到遇到不相等的字符或已到末尾为止。

【答案】 A

（8）以下程序运行后，输出结果是________。

```
#include <stdio.h>
void  sub(int *s,int y) ;
int main( )
{
    int a[ ]={1,2,3,4},i,x=0;
    for(i=0;i<4;i++)
        sub(a,x);
    for(i=0;i<4;i++)
        printf("%d ",a[i]);
    printf("\n");
    return 0;
}
void  sub(int *s,int y)
```

```
{
    static int t=3;
    s[t]=y;
    t--;
    return ;
}
```

A. 1234　　　　B. 4321　　　　C. 0000　　　　D. 4444

【解析】 程序中函数sub( )的第一个形参为整型指针，第一次调用时，静态变量t的值为3，将0赋值给数组元素s[3]，然后变量自减1；第二次调用时，静态变量t的值是上次调用时的值2，将0赋值给数组元素s[2]，然后变量自减1。第三次、第四次类似，将0赋值给数组元素s[1]、s[0]。

【答案】 C

（9）以下程序运行后，输出结果是________。

```
#include<stdio.h>
void sub(int x,int y, int *z) ;
int main( )
{
    int a,b,c;
    sub(10,5,&a);
    sub(7,a,&b);
    sub(a,b,&c);
    printf("%d,%d,%d\n",a,b,c);
    return 0;
}
void sub(int x,int y, int *z)
{
    *z=y-x ;
    return ;
}
```

A. 5,2,3　　　　B. -5，-12，-7　　C. -5，-12，-17　D. 5，-2，-7

【解析】 sub( )函数的功能是将形参y和x的差赋给z指向的那个存储单元，所以在sub(10,5,&a)中，将数值10和5分别传递给形参x和y，将变量a的地址传递给形参z，即z指向变量a，给*z赋值即是给变量a赋值。函数调用后，变量a的值为-5。同理，在sub(7,a,&b)调用后，b的值为-12，调用sub(a,b,&c)后，c的值为-7。

【答案】 B

（10）以下程序段的功能是将指针变量p指向一个动态分配的整型存储单元，则下画线处则应填入________。

```
int *p;
p=_______malloc(sizeof(int));
```

A. int　　　　B. int*　　　　C. (*int)　　　　D. (int*)

【解析】 malloc( )函数的返回值类型为void *类型。要想将返回值赋给某一具体类型的指针变量，必须进行强制类型转换。强制类型转换的格式为： (数据类型*)。

【答案】 D

（11）以下程序运行后，输出结果是________。

```
#include<stdio.h>
int main( )
{
    int **k,*j,i=100;
    j=&i;
    k=&j;
    printf("%d\n",**k);
    return 0;
}
```

A．运行错误　　B．100　　C．i 的地址　　D．j 的地址

【解析】 上面的程序中，变量 k 是二级指针变量，j 是一级指针变量，语句 j=&i，是将变量 i 的地址赋值给指针 j，语句 k=&j 是将变量 j 的地址赋值给 k。由于**k 等价于*(*k)，而*k 表示变量 j，所以*(*k)等价于*j，即变量 i，输出结果为 100。

【答案】 B

（12）以下不能正确进行字符串赋初值的语句是________。

A．`char str[5]="good!";`　　B．`char str[ ]="good!";`

C．`char *str="good!";`　　D．`char str[5]={'g', 'o', 'o', 'd', '\0'};`

【解析】 C 语言中，用字符串初始化字符数组时，系统总会自动在字符串的末尾补上一个'\0'，作为字符串的结束标志。选项 A 中数组 str 的长度为 5，因此最后一个字符'\0'未能放入 str 数组，而是放到了 str 数组之后的存储单元中，可能导致程序运行错误。

【答案】 A

（13）以下程序运行后，输出结果是________。

```
#include <stdio.h>
void sum(int a[ ]);
int main( )
{
    int  a[10]={1,2,3,4,5,6,7,8,9,10};
    sum(&a[2]);
    printf("%d\n",a[2]);
}
void sum(int  a[ ])
{
    a[0]=a[-1]+a[1];
    return 0;
}
```

A．6　　B．7　　C．5　　D．8

【解析】 sum( )函数的形参为 int 型的一维数组，函数体中 a[-1]等价于*(a-1)。主函数中的语句 sum(&a[2])表示向函数传递的是数组元素 a[2]的地址，此时函数 sum 中的 a[0]为 main 函数中的 a[2]，a[-1]为 main 函数中的 a[1]，a[1]为 main 函数中的 a[3]。函数调用后，main( )函数中的数组元素 a[2]的值为 6。

【答案】 A

（14）以下程序运行后，输出结果是________。

```
#include <stdio.h>
int main( )
{
    int a[2][3]={{1,2,3},{4,5,6}},m,*ptr;
    ptr=&a[0][0];
    m=(*ptr)*(*(ptr+2))*(*(ptr+4));
    printf("%d\n",m);
    return 0;
}
```

A. 6　　B. 9　　C. 15　　D. 18

【解析】在C语言中，二维数组的各个元素在内存中是按行的顺序存放的，ptr为整型指针变量，语句ptr=&a[0][0]，表示将ptr指向数组元素a[0][0]，ptr+2表示a[0][0]后面的第二元素的地址，即数组元素a[0][2]的地址，ptr+4表示a[0][0]后面的第四个元素的地址，即数组元素 a[1][1]的地址，所以表达式(*ptr)*(*(ptr+2))*(*(ptr+4))的值为a[0][0]*a[0][2]*a[1][1]，即1*3*5=15。

【答案】 C

2．读程序写结果

（1）

```
# include <stdio.h>
int main ( )
{
    char a[ ]="Language",b[ ]="Programe";
    char *p1,*p2;
    int k;
    p1=a; p2=b;
    for(k=0;k<=7;k++)
        if(*(p1+k)==*(p2+k))
            printf("%c",*(p1+k));
    printf("\n");
    return 0;
}
```

【解析】上面程序中，定义了字符数组a、b，并分别用字符串"Language"、"Programe"对其初始化。p1、p2是字符型指针，分别指向数组a、数组b的首元素，*(p1+k)即是数组元素a[k]，*(p2+k)即是数组元素b[k]。for循环中，循环变量k从0变化到7，如果*(p1+k)等于*(p2+k)，即是判断数组 a、b 中的对应位置的元素是否相等，如果相等，则在屏幕上输出。

【答案】 gae

（2）

```
#include "stdio.h"
void pline(char *str,char ch1,char ch2 )
{
    for( ;*str!='\0';str++)
    {
        if(*str==ch1)
            *str=ch2;
    }
```

```
    return ;
}
int main( )
{
    char a[80]="ABCAABCD";
    void (*pf)(char*,char,char);
    pf=pline;
    pf(a,'A', 'X');
    puts(a);
    return 0;
}
```

【解析】 上面程序中，定义了函数 pline( )，函数的功能是将 str 所指向字符串中数组元素值为 ch1 的元素替换为字符 ch2。主函数中定义的 pf 是一个函数指针，可以指向返回值类型为 void 的函数。由于在 C 语言中，函数名代表函数的入口地址，语句：pf=pline，是将 pf 指向函数 pline( )，所以语句 pf(a,'A','X')是调用函数 pline( )。

【答案】 XBCXXBCD

（3）
```
#include <stdio.h>
#include <string.h>
int main( )
{
    char line[ ]="123456789";
    int i,k;
    k=strlen(line);
    for(i=0;i<4;i++) {
        line[k-i]='\0';
        puts(line+i);
    }
    return 0;
}
```

【解析】 上面程序中，字符数组 line 中存放了字符串"123456789"，函数 strlen( )的功能是计算字符串的长度，语句 k=strlen(line);执行后，k 的值为 9，函数 puts( )的功能是从参数所指向的存储单元开始，逐个输出每个字符，直至遇到字符串的结束标志'\0'结束，并输出一个换行符。for 循环中，循环变量 i 从 0 变到 4，循环 4 次。第一次循环时，将数组元素 line[9-0]（即 line[9]）赋值为'\0'，然后从 line 所指向的字符'1'开始，逐个输出每个字符，直至遇到字符'\0'结束。所以输出结果为 123456789。第二次循环时，将数组元素 line[9-1]（即 line[8]）赋值为'\0'，然后从 line+1 所指向的字符'2'开始，逐个输出每个字符，直至遇到字符'\0'结束。所以输出结果为 2345678。同理第三次、第四次循环时，输出结果分别为 34567、456。

【答案】 123456789

2345678

34567

456

（4）
```
#include "stdio.h"
int main( )
{
   int a[5]={1,3,5,7,9};
```

```
    int *num[5]={&a[2],&a[1],&a[0],&a[3],&a[4]};
    int **p,i;
    p=num;
    for(i=0;i<5;i++)
    {
        printf("%3d ",**p);
        p++;
    }
    printf("\n");
    return 0;
}
```

【解析】 上面程序中，数组 num 是一个指针数组，每个元素都是一个指针，可以指向一个整型变量。定义 num 数组时，使用了数组 a 中的各元素的地址进行初始化，数组 num 中各个元素的指向关系如图 5-1 所示。

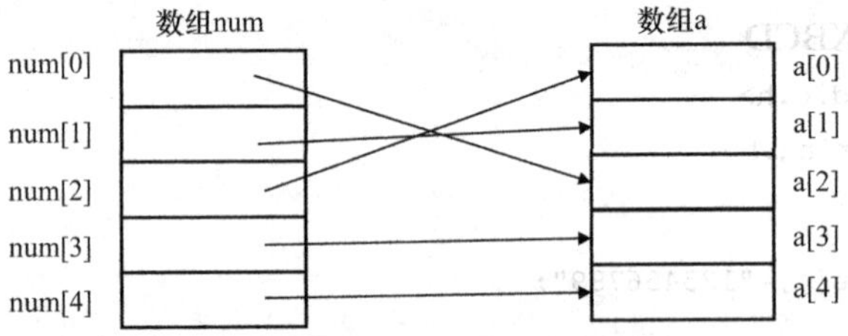

图 5-1 指针数组各元素指向示意图

p 是二级指针变量，语句 p=num，使 p 指向数组元素 num[0]，*p 表示 num[0]，**p 表示*num[0]，即 num[0]所指向的元素。在 for 语句中，每次循环时，p 自增 1，使 p 依次指向数组 num 的下一个元素。

【答案】 5 3 1 7 9

3．程序填空题

（1）函数 fun(char *s)的功能是：依次取出字符串 s 中所有数字字符，形成新的字符串，并取代原字符串。例如，如果 s 中的字符串为“123abc12ab”，函数执行完后，s 中的字符串变为“12312”。请在程序的空白处填入正确的内容，使程序得到正确的结果。

```
#include <stdio.h>
void fun(char *s) ;
int main( )
{
    char str[80];
    printf("\n 请输入字符串: ");
    gets(str);
    _______①_______;
    printf("处理后字符串为:%s\n",str );
}
void fun(char *s)
{
    int i;
    char *str;
    str=s;
```

```
    for(i=0; *s!='\0'; s++)
        if(*s>='0' && *s<='9')
        {
        _________②_________;
            i++;
        }
    ________③________;
    return ;
}
```

【解析】 函数 fun( )的功能是将字符串 s 中所有数字字符，形成新的字符串，因此需要依次对字符串 s 中的每个字符进行判断，如果是数字字符，则将该数字字符赋值给 s 所指向的字符数组中的对应位置。为此，定义了字符指针 str，并将 str 指向 s 所指向的字符数组，并定义了变量 i，表示数字字符需要存放的下标。在 for 循环中，如果 s 所指向的数组元素为数字字符，则将*s 赋值给 str[i]。循环结束后，需要在字符串的最后面添加字符串结束标志'\0'。

【答案】 ① `fun(str)`　　② `str[i]=*s`　　③ `str[i]='\0'`

（2）下面程序的功能是，从键盘输入一个字符串，将该字符串中的每个字母转换成其在字母表中的下一个字母（其中字母 z（Z），转换成字母 a（A））后输出。例如，输入 AbcXyz，输出 BcdYza。请在程序的空白处填入正确的内容，使程序得到正确的结果。

```
#include <stdio.h>
#include <string.h>
int main( )
{
    char str[100];
    int i;
    gets(str);
    for(i=0;_________①_________;i++)
    if(________②________)
        str[i]='A';
    else if(str[i]=='z')
        str[i]='a';
    else
        ________③________;
    puts(str);
    return 0;
}
```

【解析】 根据程序要求，需要对字符数组 str 中存放的字符串中的每个字符进行判断，如果是字符 Z，则将其转换成字符 A，否则如果是字符 z，则将其转换成字符 a，对于其他字符，则将其加 1，转换成其在字母表中的下一个字符，直至遇到字符串的结束标志'\0'时结束。

【答案】 ① `str[i]!= '\0'`　　② `str[i]=='Z'`　　③ `str[i]++`

（3）fun( )函数的功能是：判断字符串是否为回文。若是，函数返回 1，主函数中输出 YES；否则返回 0，主函数中输出 NO。回文是指顺读和倒读都一样的字符串。例如，字符串 LEVEL 是回文，而字符串 123312 就不是回文。请在程序的空白处填入正确的内容，使程序得到正确的结果。

```
#include <stdio.h>
#define  N  80
int fun(char *str)
{
    int i,len=-1,flag=1;
    char * tp=str;
    while(*tp)
    {
            ________①________;
            tp++;
    }
    for(i=0;_______②_______;i++,len--)
    {
        if(str[i]!=str[len])
        {
            ________③________;
            break;
        }
    }
    return flag;
}
int main( )
{
    char  s[N] ;
    gets(s) ;
    if(fun(s))   printf("YES\n") ;
    else    printf("NO\n") ;
    return 0;
}
```

【解析】 为了判断str所指向的字符串是否是回文，需将第0个字符与最后1个字符比较，然后将第1个字符与倒数第2个字符比较，……，如果字符串中所有对称位置的字符都相等，则该字符串为回文。while循环是计算字符串中的最后一个字符的位置，并保存在变量len中。开始时变量len的值为-1，字符指针tp指向str中的第一个字符，每次循环时，len自增1，tp向后移动一个位置，直至tp所指向的字符为字符串的结束标志'\0'。for循环中，将str中的第i个字符与第len个字符比较，如果不相等，则将变量flag的值赋0，并跳出循环，否则继续比较，直至i的值不小于len的值为止。循环结束时，如果字符串为回文，flag的值为1，否则flag的值为0。

【答案】 ① `len++` ② `i<len` ③ `flag=0;`

（4）下面程序的功能是将既在字符串s中出现，又在字符串t中出现的字符组成一个新的字符串放在u中，u中字符按原字符串中字符顺序排列，但去掉重复字符。例如，当s="122345"，t="2467"时，u中的字符串为："24"。请在程序的空白处填入正确的内容，使程序得到正确的结果。

```
#include <stdio.h>
#include <string.h>
int find(char *str,char ch)
{
    int i;
    for(i=0;str[i]!='\0';i++)
```

```
        if(str[i]==ch)
            break;
    if(str!='\0') return 1;
    else return 0;
}
void fun (char *s, char *t, char *u)
{
    int  i, j,k, ul=0;
    for (i=0; i<s[i]!='\0'; i++)
    {
            if(______①______)
            {
                for (j=0; j<ul;j++)
                    if (s[i] ==u[j])  break;
            if (j>=ul)
                u[ul++]=______②______ ;
            }
    }
    ______③______ = '\0';
}
int main( )
{
    char  s[100], t[100], u[100];
    gets(s);
    gets(t);
    fun(s, t, u);
    printf("处理后的字符串为: %s\n", u);
    return 0;
}
```

【解析】 **在**函数 fun 中，需要判断字符串 s 中的每个字符是否在字符串 t 中存在，如果存在，则将其赋值到数组 u 的相应元素中。函数 find( )的功能是判断字符 ch 是否在字符串 str 中存在，如果存在返回 1，否则返回 0，第 1 个空的代码为 find(t,s[i])==1。为了去掉重复字符，在添加前需判断该字符是否已经添加到数组 u 中。语句 for (j=0; j<ul;j++)中的 ul 表示数组 u 中已经添加的字符个数，j 从 0 变化到 ul，将数组元素 str[i]的值与 u[j]的值比较，如果相等，跳出循环。该 for 循环结束后，如果 j 的值大于等于 ul，表示 str[i]中存放的字符未添加到数组 u 中，则将 str[i]赋值给 u[ul]，并将 ul 自增 1。最后需要在数组 u 的最后一个字符后面添加字符串结束标志'\0'。

【答案】 ① `find(t,s[i])==1`　　② `s[i]`　　③ `u[ul]`

5.2 练 习 题

1．选择题

（1）设有以下语句：

```
int a[10]={0,1,2,3,4,5,6,7,8,9,},*p=a;
```

下面选项中，不是对 a 数组元素的正确引用的是________。（其中 0≤i<10）

A. `a[p-a]`　　B. `*(&a[i])`　　C. `p[i]`　　D. `*(*(a+i))`

（2）若有语句：int i,j=7,*p,*q; 以下能正确赋值的语句是________。

A. `i=&j;`　　B. `*q=&j;`　　C. `q=&p;`　　D. `p=&i;`

（3）如有说明：`int a[10] = {1,2,3,4,5,6,7,8,9,10},*p = a;`

则以下选项中，值为 9 的表达式是________。

A. *p+9　　B. *(p+8)　　C. *p+=9　　D. p+8

（4）以下程序运行后，输出结果是________。

```
#include <stdio.h>
int main( )
{
    char a[10]={'1','2','3','4','5','6','7','8','9',0},*p;
    int i=8;
    p=a+i;
    printf("%s\n",p-3);
    return 0;
}
```

A. 6　　B. 6789　　C. '6'　　D. 789

（5）以下程序运行后，从键盘输入 Hello Beijing↙，输出结果是________。

```
#include <stdio.h>
void fun(char c[ ]);
int main( )
{
    char s[81];
    gets(s);
    fun(s);
    puts(s);
    return 0;
}
void fun(char c[ ])
{
    int i=0;
    while(c[i])
    {
        if(c[i]>='a'&&c[i]<='z') c[i]=c[i]-('a'-'A');
        i++;
    }
    return;
}
```

A. hello Beijing　　B. Hello Beijing　　C. HELLO BEIJING　　D. hELLO Beijing

（6）以下程序段运行后，表达式*(ptr+5)的值为________。

```
char str[ ]="Hello";
char *ptr;
ptr=str;
```

A. 'o'　　B. '\0'　　C. 不确定的值　　D. 'o'的地址

（7）以下程序运行后，输出结果是________。

```
#include <stdio.h>
void fun(int *x,int *y) ;
int main( )
```

```
{
    int  x=1,y=2;
    fun(&y,&x);
    printf(" %d %d\n",x,y);
    return 0 ;
}
void fun(int  *x,int  *y)
{
    printf("%d %d",*x,*y);
    *x=3;
    *y=4;
    return;
}
```

A. 2 1 4 3　　B. 1 2 1 2　　C. 1 2 3 4　　D. 2 1 1 2

（8）调用函数时，若实参是一个数组名，则向函数传送的是________。

A. 数组的长度　　B. 数组的首地址

C. 数组每一个元素的地址　　D. 数组中每个元素的值

（9） 以下程序运行后，输出结果是________。

```
#include <stdio.h>
int main( )
{
    int  a[10]={1,2,3,4,5,6,7,8,9,10},*p=&a[3],*q=p+2;
    printf("%d\n",*p+*q);
    return 0;
}
```

A. 16　　B. 10　　C. 8　　D. 6

（10）以下程序运行后，输出结果是________。

```
#include <stdio.h>
int f(int b[ ],int m,int n);
int main( )
{
    int x,a[ ]={1,2,3,4,5,6,7,8,9};
    x=f(a,3,7);
    printf("%d\n",x);
    return 0;
}
int f(int b[ ],int m,int n)
{
    int i,s=0;
    for(i=m;i<n;i=i+2)
        s=s+b[i];
    return s;
}
```

A. 10　　B. 18　　C. 8　　D. 15

（11）设有以下定义：

```
int a[4][3]={1,2,3,4,5,6,7,8,9,10,11,12};
int (*prt)[3]=a,*p=a[0];
```

则以下能正确表示数组元素a[1][2]的表达式是________。

A. `*((*prt+1) [2])`　　B. `*(*(p+5))`

C. `(*prt+1)+2`　　D. `*(*(a+1)+2)`

（12）在VC 6.0中，若指针p已正确定义，要使p指向两个连续的整型动态存储单元，不正确的语句是________。

A. `p=2*(int*)malloc(sizeof(int));`　　B. `p=(int*)malloc(2*sizeof(int));`

C. `p=(int*)malloc(2*2);`　　D. `p=(int*)calloc(2,sizeof(int));`

（13）若有定义int (*)pt[3];，则下列说法正确的是________。

A. 定义了int类型的3个指针变量

B. 定义了int类型的具有3个元素的指针数组pt

C. 定义了一个名为*pt、具有3个元素的整型数组

D. 定义了一个名为pt的指针变量，它可以指向每行有3个整型元素的二维数组

（14）以下程序运行后，输出结果是________。

```
#include <stdio.h>
void sort(int a[ ],int n);
int main( )
{
    int aa[10]={1,2,3,4,5,6,7,8,9,10},i;
    sort(&aa[3],5);
    for(i=0;i<10;i++)
        printf("%d,",aa[i]);
    printf("\n");
    return 0;
}
void sort(int a[ ],int n)
{
    int i,j,t;
    for(i=0;i<n-1;i++)
        for(j=i+1;j<n;j++)
        if(a[i]<a[j])
        {
            t=a[i];a[i]=a[j];a[j]=t;
        }
        return;
}
```

A. 1,2,3,4,5,6,7,8,9,10,　　B. 10,9,8,7,6,5,4,3,2,1,

C. 1,2,3,8,7,6,5,4,9,10,　　D. 1,2,10,9,8,7,6,5,4,3,

（15）以下程序运行后，输出结果是________。

```
#include<stdio.h>
int main( )
{
    char ch[3][5]={ "AAAAAA","BBBBBB","CCC"};
    printf("%s\n",ch[1]);
    printf("%c\n",*ch[1]);
    return 0;
}
```

A. BBBBBCCC　B. BBBBB　C. CCC　D. AAAAAA
B　B　C　C

（16）以下程序运行后，输出结果是________。

```
#include <stdio.h>
int fun(int (*s)[4],int n,int k);
int main( )
{
    int a[4][4]={{1,2,3,4},{11,12,13,14},{21,22,23,24},{31,32,33,34}};
    printf("%d\n",fun(a,4,0));
    return 0;
}
int fun(int (*s)[4],int n,int k)
{
    int m,i;
    m=s[0][k];
    for(i=1;i<n;i++)  if(s[i][k]>m) m=s[i][k];
    return m;
}
```

A. 4　B. 34　C. 31　D. 32

（17）以下程序运行后，输出结果是________。

```
#include <stdio.h>
int main( )
{
    int a[ ]={1,2,3,4},y,*p=&a[3];
    --p;
    y=*p;
    printf("y=%d\n",y);
    return 0 ;
}
```

A. y=0　B. y=1　C. y=2　D. y=3

（18）以下程序运行后，输出结果是________。

```
#include <stdio.h>
void swap1(int  c0[ ],int  c1[ ]);
void swap2(int  *c0,int  *c1);
int main( )
{
    int a[2]={3,5}, b[2]={3,5};
    swap1(a,a+1);
    swap2(&b[0],&b[1]);
    printf("%d %d %d %d\n",a[0],a[1],b[0],b[1]);
    return 0;
}
void swap1(int  c0[ ],int  c1[ ])
{
    int  t;
    t=c0[0]; c0[0]=c1[0]; c1[0]=t;
    return ;
}
void swap2(int  *c0,int  *c1)
```

```
{
    int t;
    t=*c0;  *c0=*c1;  *c1=t;
    return ;
}
```

A. 3 5 5 3　　B. 5 3 3 5　　C. 3 5 3 5　　D. 5 3 5 3

（19）以下程序运行后，输出结果是________。

```
#include <stdio.h>
int *f(int *x,int *y);
int main( )
{
    int a=7,b=8,*p,*q,*r;
    p=&a;
    q=&b;
    r=f(p,q);
    printf("%d,%d,%d\n",*p,*q,*r);
    return 0;
}
int *f(int  *x,int  *y)
{
    if(*x<*y) return x;
    else return y;
}
```

A. 7,8,8　　B. 7,8,7　　C. 8,7,7　　D. 8,7,8

（20）设有如下定义：

```
char a[10],*b=a;
```

不能在数组 a 中存放字符串的语句是________。

A. gets(a)　　B. gets(a[0])　　C. gets(&a[0])　　D. gets(b)

2. 读程序写结果

（1）#include <stdio.h>

```
void lookup(int *t,int *a,int n);
int main( )
{
    int table[10]={1,3,4,6,7,-2,10,23,5,11};
    int min,*p=&min;
    lookup(table,p,10);
    printf("min=%d\n",min);
    return 0;
}
void lookup(int *t,int *a,int n)
{
    int k;
    *a=t[0];
    for(k=1;k<n;k++)
       if (*a>t[k])
           *a=t[k];
    return ;
}
```

(2)
```
#include <stdio.h>
void sub(int *a,int n,int k);
int main( )
{
    int  x=0;
    sub(&x,8,1);
    printf("%d\n",x);
    return 0;
}
void sub(int *a,int n,int k)
{
    if(k<=n)
        sub(a,n/2,2*k);
    *a+=k;
    return;
}
```

(3)
```
#include "stdio.h"
#define M 5
int main( )
{
    int a[M]={1,2,3,4,5};
    int i,j,t;
    i=0;j=M-1;
    while(i<j )
    {
        t=*(a+i);
        *(a+i)=*(a+j);
        *(a+j)=t;
        i++;
        j--;
    }
    for(i=0;i<M;i++)
        printf("%d",*(a+i));
    return 0;
}
```

3．程序填空题

(1) 给定程序的功能是分别统计字符串中大写字母和小写字母的个数。例如，给字符串 s 输入：AaaaBBb123CCcccd，则输出结果应为：upper = 5，lower = 9。请在程序的空白处填入正确的内容，使程序得到正确的结果。

```
#include <stdio.h>
void fun ( char *s, int *a, int *b )
{
    while (_____①_____)
    {
        if ( *s >= 'A' && *s <= 'Z' )
            _____②_____ ;
        if ( *s >= 'a' && *s <= 'z' )
            _____③_____ ;
        s++;
    }
```

```
        return;
    }
    int main( )
    {
        char  s[100]="abcABC123AA";
        int  upper = 0, lower = 0 ;
        fun(s, &upper, &lower );
        printf("upper = %d  lower = %d\n",upper,lower );
        return 0;
    }
```

（2）给定程序的功能是判断字符串 str 中是否存在字符 ch；若存在，什么也不做，若不存在，则将字符 ch 插在字符串 str 的最后。请在程序的空白处填入正确的内容，使程序得到正确的结果。

```
#include <stdio.h>
#include <string.h>
void fun(char *str, char ch )
{
    while(*str && *str != ch )
        str++;
    if (_______①_______)
    {
        *str = ch;
        _______②_______ = '\0';
    }
    return;
}
int main( )
{
    char  s[81],  c ;
    printf( "请输入一个字符串:\n" );
    gets  ( s );
    printf ("请输入一个待查找的字符:\n " );
    c = getchar( );
    fun(_______③_______) ;
    printf("%s\n",  s);
    return 0;
}
```

（3）从键盘上输入一个 3 行 3 列矩阵的各个元素的值，然后输出主对角线元素之积。请在程序的空白处填入正确的内容，使程序得到正确的结果。

```
#include <stdio.h>
int fun(int (*p)[3])
{
    int sum,i;
    _______①_______;
    for (i=0;i<3;i++)
        sum+=_______②_______;
    return sum;
}
int main( )
{
```

```
    int data[3][3]={1,2,3,4,5,6,7,8,9},s;
    s=________③________;
    printf("%d\n",s);
    return 0;
}
```

5.3 练习题参考答案

1．选择题

（1）D （2）D （3）B （4）B （5）C （6）B （7）A （8）B （9）B

（10）A （11）D （12）B （13）D （14）C （15）A （16）C （17）D （18）D

（19）B （20）B

2．读程序写结果

（1）min=-2 （2）7 （3）54321

3．程序填空题

（1）①*s!='\0' ②(*a)++ ③(*b)++

（2）①*str!=ch ②*(str+1) ③s,c

（3）①sum=0 ②p[i][i] ③fun(data)

第6章

结构体与共用体

6.1 典型练习及解析

1．选择题

（1）以下选项中，正确地将 s 定义为合法的结构体变量的是________。

A．
```
typedef struct abc
{
   double a;
   char b[10];
}s;
```

B．
```
struct
{
   double a;
   char b[10];
}s;
```

C．
```
struct ABC
{
   double a;
   char b[10];
}
ABC s;
```

D．
```
typedef ABC
{
   double a;
   char b[10];
};
ABC s;
```

【解析】 定义一个结构体类型的变量，可采用 3 种方法：①先定义结构体类型，再定义变量名；②在定义类型的同时定义变量；③直接定义结构类型变量，即不出现结构体名。选项 B 符合第 3 种定义方法。

【答案】 B

（2）以下程序在 VC 6.0 环境中运行后，输出结果是________。

```
#include <stdio.h>
int main( )
{
    union
    {
        char i[2];
        int k;
    }r;
    r.k=3;
    r.i[0]=2;
    r.i[1]=0;
    printf("%d\n",r.k);
```

```
    return 0;
}
```

A. 2　　B. 1　　C. 3　　D. 258

【解析】根据共用体的定义可知：共用体变量 r 的成员 k 和成员 i 共用同一段存储单元。当给 k 成员赋值 3 后，变量 r 的各成员在内存的分布如图 6-1(a)所示；当 i 成员的各元素赋值后，变量 r 的各成员在内存的分布如图 6-1(b)所示。

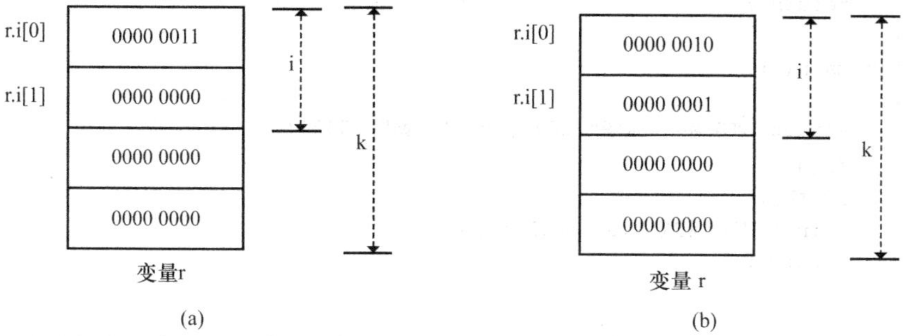

图 6-1　共用体类型变量在内存分布示意图

所以 k 成员的值为 00000000 00000000 00000001 00000010，即 258。

【答案】 D

（3）有如下定义：

```
struct person
{
    char name[9];
    int age;
};
struct person class[10]={ "John",17, "Paul",19,"Mary",18,"Adam",16,};
```

以下选项中，能输出字母 M 的是________。

A. `printf("%c\n",class[3].name);`　　B. `printf("%c\n",class[3].name[1]);`

C. `printf("%c\n",class[2].name[1]);`　D. `printf("%c\n",class[2].name[0]);`

【解析】 class 是一个长度为 10 的数组，每个元素都是 struct person 结构体类型数据。初始化后，依次将"john"、"17"赋值给元素 class[0]的 name 成员和 age 成员，将"Paul"、"19"赋值给元素 class[1]的 name 成员和 age 成员，……。根据题意，要输出的字母 M 是 class[2]中 name 成员的首字符，即 class[2].name[0]。

【答案】 D

（4）以下程序运行后，输出结果是________。

```
#include <stdio.h>
struct STU
{
    char name[10];
    int num;
};
void f1(struct STU c)
{
```

```
    struct STU b={"李明",2042};
    c=b;
    return ;
}
void f2(struct STU *c)
{
    struct STU b={"刘丽丽",2044};
    *c=b;
    return ;
}
int main( )
{
    struct STU a={"张华",2041},b={"王娜",2043};
    f1(a);
    f2(&b);
    printf("%d %d\n",a.num,b.num);
    return 0;
}
```

A. 2041 2044　　B. 2041　204　　C. 2042　2044　　D. 2042 2043

【解析】 把结构体变量作为一个整体传递给相应的变量，是将实参中各个成员的值赋给对应的形参成员，在函数体内对形参结构体变量中任何成员的操作，都不会影响对应实参中成员的值。当结构体变量的地址作为函数实参传递时，对应的形参应该是一个与指向相同的结构体类型的指针，这时对形参结构体变量的操作会改变实参结构体变量中成员的值。

上面程序中，函数 f1( )的形参是结构体类型变量，在函数体中对形参修改不会影响实参；函数 f2( )的形参是结构体类型指针，在函数体中对形参修改会影响实参。

【答案】 A

（5）以下程序运行后，输出结果是________。

```
#include <stdio.h>
struct S{
    int n;
    int a[20];
};
void f(int *a, int n);
int main( )
{
    int i;
    struct S s={10,{2,3,1,6,8,7,5,4,10,9}};
    f(s.a,s.n);
    for(i=0;i<s.n;i++)
        printf("%d,",s.a[i]);
    return 0;
}
void f(int *a, int n)
{
    int i;
    for(i=0;i<n-1;i++)
        a[i]+=i;
    return ;
}
```

A．2,4,3,9,12,12,11,11,18,9,　　　　B．3,4,2,7,9,8,6,5,11,10,

C．2,3,1,6,8,7,5,4,10,9,　　　　D．1,2,3,6,8,7,5,4,10,9,

【解析】 f( )函数的第 1 个形参是 int 类型的数组，第 2 个形参为 int 类型。调用函数 f( ) 时，第 1 个实参为结构体类型变量 s 的成员 a，第 2 个实参为结构体类型变量 s 的成员 n。形参数组和 s 的 a 成员共用同一段存储单元。因此在被调函数中对形参数组进行操作，实际上就是对变量 s 的成员 a 进行操作。在函数 f( )中，for 循环变量从 0 变到到 n-1（为 n-1 时不执行循环体），将循环变量 i 累加到数组元素 a[i]中，因此函数调用结束后，s 的 a 成员各个元素为：s.a[0]=2, s.a[1]=4, s.a[2]=3, s.a[3]=9, s.a[4]=12, s.a[5]=12, s.a[6]=11, s.a[7]=11, s.a[8]=18, s.a[9]=9。

【答案】 A

（6）设有以下语句：

```
char a=3,b=6,c;
c=a^b<<2;
```

则变量 c 的值用二进制表示是________。

A．00011011　　B．00010100　　C．00011100　　D．00011000

【解析】 <<是左移运算符，运算规则把左侧运算对象的各二进制位全部向左移右侧运算对象所指定的位数，空出的右端用 0 补充，左端移出的位被丢弃。^是将运算对象中对应的二进制位相异或。当对应的二进制位不同时结果位为 1；相同时结果位为 0。<<运算符的优先级高于^运算符，b<<2 的运算结果为：00011000，再进行异或运算 00000011^00011000，计算结果为 00011011。

【答案】 A

2．读程序写结果

（1）
```
#include "stdio.h"
struct point
{
   int x;
   int y;
};
struct rect
{
   struct point left_top;
   struct point right_bottom;
};
int getArea(struct rect r);
int main( )
{
   struct rect r={10,20,30,50};
   int area;
   area=getArea(r);
   printf("%d\n",area);
   return 0;
```

```
}
int getArea(struct rect r)
{
   int width,height;
   width= r.left_top.x- r. right_bottom.x;
   height= r.left_top.y- r. right_bottom.y;
   width=width>0?width:-width;
   height=height>0?height:-height;
   return width*height;
}
```

【解析】 上面程序中，定义了结构体类型 struct point，表示坐标系中点的坐标，它有两个成员，分别是 x，y；定义了结构体类型 struct rect，表示坐标系的矩形，它也有两个成员，分别是 left_top，right_bottom，其类型都是 struct point 类型。语句 struct rect r={10,20,30,50};表示将用初值 10、20、30、50 分别赋值给变量 r 的 left_top 成员的 x 成员，变量 r 的 left_top 成员的 y 成员，变量 r 的 right_bottom 成员的 x 成员，变量 r 的 right_bottom 成员的 y 成员。函数 getArea( )的功能是计算形参所表示的矩形的面积，将矩形的两个顶点的 x 坐标相减计算宽度，y 坐标相减计算高度。由于成员 left_top 和成员 right_bottom 本身又是一个结构体类型，引用成员时，需用选择运算符逐级引用。

【答案】 600

（2）
```
#include <stdio.h>
#include <stdlib.h>
struct node{
   int data;
   struct node *next;
};
int main( )
{
   struct node head,*p;
   int i;
   head.next=NULL;
   for(i=0;i<5;i++)
   {
       p=(struct node *)malloc(sizeof(struct node));
       p->data=i;
       p->next=head.next;
       head.next=p;
   }
   p=head.next;
   while(p!=NULL)
   {
       printf("%5d",p->data);
       p=p->next;
   }
   printf("\n");
   return 0;
}
```

【解析】 for 循环中，循环变量从 0 循环到 5，每次循环时，使用 malloc 函数创建一个 struct node 类型的结点，接着将其地址赋值给指针变量 p，然后将 i 的值赋值给该结点的 data 成员。

语句 p->next=head.next;是将链表中的第 1 个结点的地址赋值给新结点的 next 成员，head.next=p;是将新结点的地址赋值给 head 的 next 成员，新结点成为链表的第一个结点。当 i=2 时，其过程如图 6-2 所示。while 循环是从链表的第一个结点开始，依次输出结点的 data 成员的值。

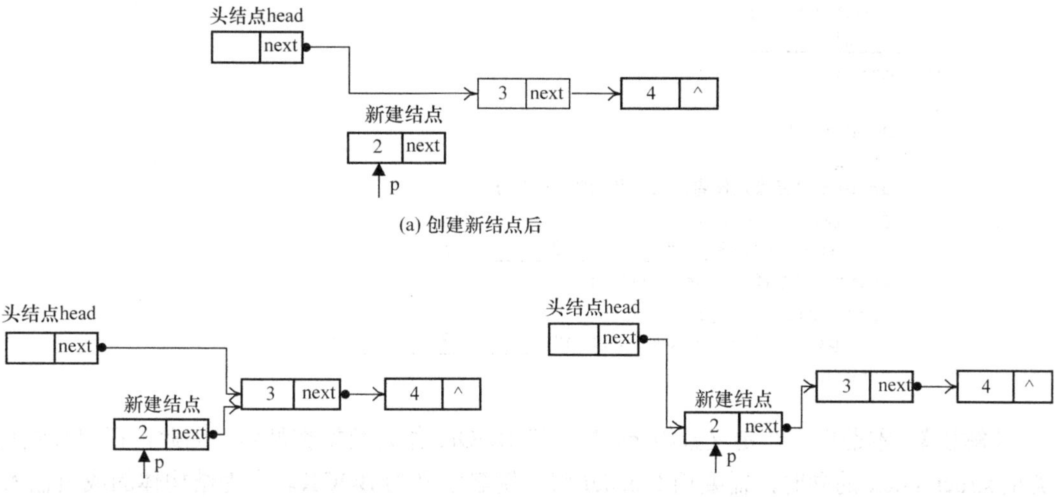

(a) 创建新结点后

(b) 执行p->next=head.next后

(c) 执行head.next=p后

图 6-2　创建链表示意图

【答案】 4　3　2　1　0

(3)
```
#include <stdio.h>
int main( )
{
   char a,b,c,d;
   a=25;
   b=a>>4;
   c=~(~0<<4);
   d=b&c;
   printf("%o  %o  %o  %o\n",a,b,c,d);
   return 0;
}
```

【解析】 >>是右移运算符，表达式 b=a>>4 是将变量 a 的值向右移动 4 位，赋值给变量 b。变量 a 的值用二进制形式可以表示为：00011001，向右移 4 位的结果为：00000001，即变量 b 中的值用二进制形式可以表示为 00000001。~是按位取反运算符，优先级高于<<，0 取反的结果为 11111111，左移 4 位的结果为 11110000，再按位取反的结果为 00001111。即变量 d 中的值用二进制形式可以表示 00001111。&是按位与运算符，变量 b 的值与变量 c 的值按位与的结果为 00000001。%o 表示以八进制形式输出整数。

【答案】 31　1　17　1

3．程序填空题

（1）已知书本信息包括作者、书名、价格。下面程序从键盘输入 5 本书的信息，并在屏幕上输出。请在程序的空白处填入正确的内容，使程序得到正确的结果。

```
#include <stdio.h>
typedef struct book
{
    char author[10];
    char name[50];
    float price;
}______①______;
int main( )
{
    BOOK bs[5];
    int i;
    printf("请输入作者、书名和价格:\n");
    for(i=0;i<5;i++)
        scanf("%s%s%f",______②______);
    printf("作者   书名   价格\n");
    for(i=0;i<5;i++)
        printf("%10s10%s%.2f\n",______③______);
    return 0;
}
```

【解析】 本题中，在定义数组 bs 时，将 BOOK 作为数据类型名，因此，在定义结构类型 struct book 的同时，需要用 typedef 将其别名定义为 BOOK。在为结构体的成员输入/输出时，只能按成员进行，第 2 个和第 3 个空要对数组元素 bs[i]的各成员进行输入和输出，只能使用成员选择符引用其成员。

【答案】 ① BOOK　　② bs[i].author,bs[i].name,&bs[i].price

③ bs[i].author,bs[i].name,bs[i].price

（2）已知部门的基本信息包括部门编码，部门名称。下面程序从键盘输入 6 个部门的信息，形成链表，然后再从键盘输入一个部门编码，将以该部门编码的部门信息从链表中删除后输出。请在程序的空白处填入正确的内容，使程序得到正确的结果。

```
#include <stdio.h>
#include <stdlib.h>
#include <string.h>
typedef struct dept
{
    char no[10];
    char name[20];
    struct dept *next;
}NODE;
int main( )
{
    NODE head,*p,*tail,*pre;
    int i;
    char no[10];
    head.next=NULL;
    tail=&head;
    for(i=0;i<6;i++)
    {
        p=(NODE *)malloc(sizeof(NODE));
        scanf("%s%s",p->no,p->name);
        tail->next=p;
        p->next=NULL;
```

```
            ______①______;
        }
        printf("请输入要删除的部门编码");
        gets(no);
        pre=&head;
        p=head.next;
        while(______②______)
        {
            if(strcmp(p->no,no)==0)
            {
                ______③______;
                free(p);
                break;
            }
            pre=p;
            p=p->next;
        }
        p=head.next;
        while(p!=NULL)
        {
                printf("%10s  %10s",p->no,p->name);
                p=p->next;
        }
        return 0;
    }
```

【解析】 上面程序的 for 循环中，循环变量 i 从 0 变化到 6，循环 6 次，每次循环时，使用 malloc( )函数创建一个新结点，语句 tail->next=p;是将新结点添加到链表的末尾，新结点成为尾结点，应将 tail 指向新的尾结点，所以第 1 个空的代码为：tail=p。为了删除链表中部门代码为 no 的结点，需要从链表的第一个结点开始，将结点的 no 成员与 no 比较，直到 p 为 NULL，循环时 pre 始终指向 p 的前一个结点，所以第 2 个空代码为：p!=NULL。如果 p 指向的结点的 no 成员与 no 相等，则将 p 所指向的结点从链表中删除，代码为：pre->next=p->next。

【答案】 ① tail=p　　② p!=NULL　　③ pre->next=p->next

6.2 练 习 题

1．选择题

（1）设有以下说明语句

```
struct ex
{
    int x;
    float y;
    char z;
} example;
```

则以下叙述中，不正确的是________。

A．struct 是结构体类型的关键字　　B．example 是结构体类型名

C．x、y、z 都是结构体成员名　　D．struct ex 是结构体类型

（2）以下程序运行后，输出结果是________。

```
struct STU
{
    char num[10];
    float score[3];
};
int main( )
{
    struct STU s[3]={{"20021",90,95,85},
                     {"20022",95,80,75},
                     {"20023",100,95,90}};
    int i;
    float sum=0;
    for(i=0;i<3;i++)
        sum=sum+s[0].score[i];
    printf("%6.2f\n",sum);
    return 0;
}
```

A．260.00　　B．270.00　　C．280.00　　D．285.00

（3）有以下结构体说明和变量定义，并且其中指针 p、q、r 分别指向结构体链表的 3 个结点，如图 6-3 所示。

```
struct node
{
    int data;
    struct node *next;
} *p,*q,*r;
```

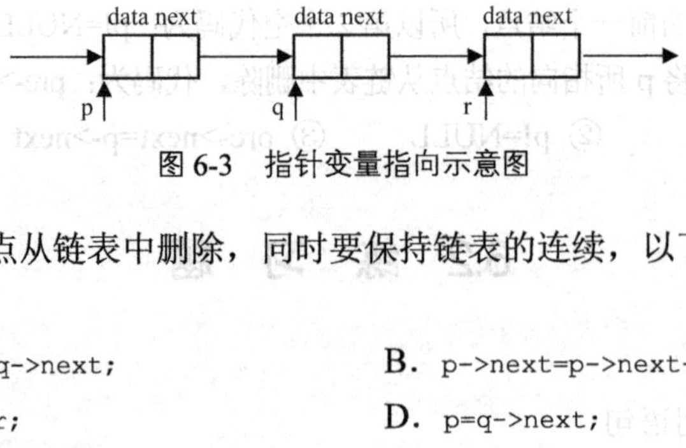

图 6-3　指针变量指向示意图

现要将 q 所指结点从链表中删除，同时要保持链表的连续，以下不能完成该操作的语句是________。

A．`p->next=q->next;`　　B．`p->next=p->next->next;`

C．`p->next=r;`　　D．`p=q->next;`

（4）设有如下结构体说明：

```
typedef struct NODE
{
    int  num;
    struct NODE  *next;
}OLD;
```

以下叙述中，正确的是________。

A．以上的说明形式非法　　B．NODE 是一个结构体类型

C．OLD 是一个结构体类型　　D．OLD 是一个结构体变量

（5）有以下结构体说明、变量定义和赋值语句：

```
struct STD
{
    char  name[10];
    int age;
    char sex;
}s[5],*ps;
ps=&s[0];
```

则以下 scanf( )函数调用中，不能正确地从键盘输入数据的是________。

A. `scanf("%s",s[0].name);`　　B. `scanf("%d",&s[0].age);`

C. `scanf("%c",&(ps->sex));`　　D. `scanf("%d",ps.age);`

（6）设有定义：

```
struct complex
{
   int real,unreal;
} data1={1,8},data2;
```

则以下赋值语句中错误的是________。

A. data2=data1;　　B. data2=(2,6);

C. data2.real=data1.real;　　D. data2.real=data1.unreal;

（7）以下程序运行后，输出结果是________。

```
#include <stdio.h>
struct ord
{
    int x,y;
}dt[2]={1,2,10,20};
int main( )
{
    struct ord *p=dt;
    printf("%d,",++(p->x));
    printf("%d\n",++p->y);
    return 0 ;
}
```

A. 1,20　　B. 20,1　　C. 10,20　　D. 2,3

（8）以下程序运行后，输出结果是________。

```
#include <stdio.h>
struct stu
{
    int x,*y;
} *p ;
int dt[4]={10,20,30,40};
struct stu a[4]={50, &dt[0],60,&dt[1],70,&dt[2],80,&dt[3]};
int main( )
{
    p=a;
    printf("%d, ",++p->x);
    printf("%d, ",(++p)->x);
```

```
    printf("%d\n", ++(*p->y) );
    return 0 ;
}
```

A. 10,20,20　　B. 50,60,21　　C. 51,60,21　　D. 60,70,31

（9）以下程序运行后，输出结果是________。

```
#include <stdio.h>
int main( )
{
    int x=05;
    char z='a';
    printf("%d\n",(x&1)&&(z<'Z'));
    return 0;
}
```

A. 0　　B. 1　　C. 2　　D. 3

（10）以下程序运行后，输出结果是________。

```
#include <stdio.h>
int main( )
{
    unsigned char a=8,c;
    c=a>>3;
    printf("%d\n",c);
    return 0;
}
```

A. 32　　B. 16　　C. 1　　D. 0

（11）以下程序运行后，输出结果是________。

```
#include  <stdio.h>
int main( )
{
    struct STU
   {
        char name[9];
        char sex;
        double score[2];
   };
   struct STU a={"Zhao",'m',85.0,90.0},b={"Qian",'f',95.0,92.0};
   b=a;
   printf("%s,%c,%2.0f,%2.0f\n",b.name,b.sex,b.score[0],b.score[1]);
   return 0;
}
```

A. Qian,f,95,92　　B. Qian,m,85,90　　C. Zhao,f,95,92　　D. Zhao,m,85,90

（12）以下叙述中，正确的是________。

A. 用户可通过typedef定义产生一种新的数据类型

B. 使用typedef类型定义时，标识符必须大写

C. 使用typedef类型定义时，类型名必须是在此之前有定义的类型标识符

D. 以上描述均不正确

2. 读程序写结果

(1)
```
#include <stdio.h>
#include <string.h>
typedef struct student{
   char name[10];
   int sno;
   float score;
}STU;
int main( )
{
   STU a={"zhangsan",2001,95},b={"Shangxian",2002,90},c={"Anhua",2003,95};
   STU d,*p=&d;
   d=a;
   if(strcmp(a.name,b.name)>0)
         d=b;
   if(strcmp(c.name,d.name)>0)
         d=c;
   printf("%d  %s\n",d.sno,p->name);
   return 0;
 }
```

(2)
```
#include<stdio.h>
void getbits(int value);
int main( )
{
    getbits(0x12AB);
    return 0;
}
void getbits(int value)
{
    int i,temp = value;
    for(i = 1; i<=4;i++)
    {
        printf("%d",(temp&0x80)>>7);
        temp = temp << 1;
    }
    printf("\n");
    return ;
}
```

3. 程序填空题

(1) 已知学生的记录由学号和学习成绩构成，N 名学生的数据已存入 a 结构体数组中，给定程序的功能是找出成绩最低的学生记录，通过形参返回给主函数。请在程序的空白处填入正确的内容，使程序得到正确的结果。

```
#include <stdio.h>
#include <string.h>
#define  N  10
typedef  struct  ss
{
    char  num[10];
    int  s;
} STU;
void fun(STU a[ ], STU *s)
```

```
{
       ______①______  h;
       int  i ;
       h = a[0];
       for ( i = 1; i < N; i++ )
       if ( a[i].s < h.s )
       ______②______;
    *s = ______③______;
    return ;
}
int main( )
{
    STU  a[N]={ {"A01",81},{"A02",89},{"A03",66},{"A04",87},{"A05",77},
                {"A06",90},{"A07",79},{"A08",61},{"A09",80},{"A10",71} }, m  ;
    fun ( a, &m );
    printf ("成绩最低的学号和成绩: %s , %d\n",m.num, m.s);
    return 0;
}
```

（2）给定程序中已建立一个带有头结点的单向链表，链表中的各结点按数据域中的数据从小到大顺序链接。函数 fun 的功能是：把形参 x 的值放入一个新结点中，并将此结点插入链表中，插入后各结点仍保持从小到大顺序排列。请在程序的空白处填入正确的内容，使程序得到正确的结果。

```
#include    <stdio.h>
#define    N    8
typedef  struct list
{
    int  data;
    struct list  *next;
} SLIST;
void fun( SLIST  *h, int  x)
{
    SLIST  *p, *q, *s;
    s=(SLIST *)malloc(sizeof(SLIST));
    s->data=______①______;
    q=h;
    p=h->next;
    while(p!=NULL && x>p->data)
    {
        q=______②______;
        p=p->next;
    }
    s->next=p;
    q->next=______③______;
}
SLIST *creatlist(int  *a)
{
    SLIST  *h,*p,*q;
    int  i;
    h=p=(SLIST *)malloc(sizeof(SLIST));
    for(i=0; i<N; i++)
    {
```

```
            q=(SLIST *)malloc(sizeof(SLIST));
            q->data=a[i];
            p->next=q;
            p=q;
        }
        p->next=NULL;
        return  h;
    }
    void outlist(SLIST  *h)
    {
        SLIST  *p;
        p=h->next;
        if (p==NULL)  printf("\n链表为空!\n");
         else
        {
            do {
                printf("->%d",p->data);
                p=p->next;
            } while(p!=NULL);
            printf("->End\n");
        }
    }
    int main( )
    {
        SLIST  *head;
        int  a[N]={11,12,15,18,19,22,25,29},x;
        head=creatlist(a);
        printf("插入之前的链表:\n");
        outlist(head);
        printf("请输入一个待插入的数据 :  ");
        scanf("%d",&x);
        fun(head,x);
        printf("插入之后的链表:\n");
        outlist(head);
        return 0;
    }
```

6.3　练习题参考答案

1．选择题

（1）B　（2）B　（3）D　（4）C　（5）D　（6）B　（7）D　（8）C　（9）A

（10）C　（11）D　（12）C

2．读程序写结果

（1）2002 Shangxian　　　　（2）1010

3．程序填空题

（1）①STU　　②h = a[i]　　③h

（2）①x　　②p　　③s

第 7 章

文件

7.1 典型练习及解析

1. 选择题

（1）若 fp 是指向某文件的指针，且已读到此文件的末尾，则函数 feof(fp))的返回值是________。

A. EOF　　B. 0　　C. 非零值　　D. NULL

【解析】 feof( )函数是用来判断文件是否已读到末尾，如果已读到末尾则返回非零值，否则返回 0。

【答案】 C

（2）若要打开 D 盘上的 user 子目录下名为 abc.txt 的文本文件，并能进行读、写操作，下面符合此要求的语句是________。

A. fopen("D:\user\abc.txt","r")　　B. fopen("D:\\user\\abc.txt","r+");

C. fopen("D:\user\abc.txt","rb")　　D. fopen("D:\\user\\abc.txt","w");

【解析】 文件打开方式为“r”，表示以“只读”方式打开一个字符文件。文件打开方式为“r+”，表示以“读写”方式打开一个字符文件。文件打开方式为“rb”，表示以“只读”方式打开一个二进制文件。文件打开方式为“w”，表示以“只写”方式打开一个字符文件。

【答案】 B

（3）以下程序运行后，输出结果是________。

```
#include <stdio.h>
int main( )
{
    ① FILE *fp;
    ② int i,k=0,n=0;
    ③ fp=fopen("d1.bat","w");
    ④ for(i=1;i<4;i++) fprintf(fp,"%d ",i);
    ⑤ fclose(fp);
    ⑥ fp=fopen("d1.bat","r");
    ⑦ fscanf(fp, "%d%d",&k,&n);
```

```
    ⑧ printf("%d %d\n",k,n);
    ⑨ fclose(fp);
    return 0;
}
```

A．1 2　　B．123 0　　C．1 23　　D．0 0

【解析】为了解析方便，程序中的部分语句标了序号。语句①定义了一个文件类型的指针；语句③以写的方式打开文件"d1.bat"，并使指针 fp 指向文件"d1.bat"；语句④是一条循环语句，通过 fprintf( )函数依次向 fp 所指向的文件 d1.bat 中写入 3 个数，文件 d1.bat 中的内容为 1 2 3（因为此语句中%d 后有空格，因此数据 1 2 3 之间分别用空格分开；若%d 之后没有空格，则循环结束后文件 d1.bat 中只有一个数据，即 123；语句⑤关闭文件；语句⑦通过 fscanf( )函数从 fp 所指向的文件 d1.bat 中读入两个数据，依次赋给变量 k 和 n，此时变量 k 和 n 的值分别为 1 和 2。

【答案】A

（4）函数 fputs(s,fp)的功能是________。

A．将 s 所指字符串写到 fp 所指文件中（含字符'\0'）

B．将 s 所指字符串写到 fp 所指文件中（不含字符'\0'）

C．将 s 所指字符串写到 fp 所指文件中（自动加字符'\n'）

D．将 s 所指字符串写到 fp 所指文件中（不含字符'\0'），同时在文件尾加一个空格

【解析】fputs( )函数只将字符串中的有效字符写入文件，不包括字符串结束标志'\0'，也不自动在文件中自动添加换行符和空格。

【答案】B

2．读程序写结果

```
#include <stdio.h>
int main( )
{
    FILE *fp;
    char str[100],i;
    fp=fopen("data.txt","w");
    if(fp==NULL)
    {
        printf("文件打开失败！");
        return 0;
     }
     for(i=0;i<26;i++)
     {
        fputc(i+'a',fp);
        if((i+1)%10==0)
            fputc('\n',fp);
     }
     fclose(fp);
     fp=fopen("data.txt","r");
     while(!feof(fp))
        if(fgets(str,100, fp)!=NULL)
            printf("%s",str);
```

```
        return 0;
    }
```

【解析】 上面程序中，语句 fp=fopen("data.txt","w");表示以只写的方式打开文件 data.txt。在 for 循环中，循环变量 i 从 1 循环到 26，循环体中的的语句 fputc(i+'a',fp);表示向 fp 所指向的文件中写入字母表中的第 i+1 个字母，每输入 10 个字母后，向文件中写入一个换行符。while 循环中，当未读到文件末尾时，每次从文件中读入一个字符，并输出到屏幕。

【答案】 abcdefghij
klmnopqrst
uvwxyz

3．程序填空题

（1）以下程序的功能是：调用函数 fun 将指定源文件中的内容复制到指定的目标文件中，在复制的过程中，把复制的内容输出到终端屏幕。主函数中源文件名放在变量 sfname 中，目标文件名放在变量 tfname 中。请在程序的空白处填入正确的内容，使程序得到正确的结果。

```
#include   <stdio.h>
void fun(char  *source, char  *target)
{
    FILE  *fs,*ft;
    char  ch;
    if((fs=fopen(source, ______①______))==NULL)
        return 0;
    if((ft=fopen(target, "w"))==NULL)
        return 0;
    ch=fgetc(fs);
    while(!feof(______②______))
    {
        putchar( ch );
        fputc(ch, ______③______);
        ch=fgetc(fs);
    }
    fclose(fs);
    fclose(ft);
    printf("\n");
    return ;
}
int main( )
{
    char  sfname[20] ="myfile1.txt",tfname[20]="myfile2.txt";
    fun(sfname, tfname);
    return 0;
}
```

【解析】 上面程序中，函数 fun( )要将以字符串 source 为文件名的文件内容复制到以字符串 target 为文件名的文件中，因此需以只读的方式打开以字符串 source 为文件名的文件。第 1 个空代码为"r"。然后从以 fs 表示的文件中循环地读取数据，直至读到文件末尾，第 2 个空的代码为 fs，并将读出的字符使用 fputc 函数写入 ft 所指向的文件。

【答案】①"r"　　　②fs　　　③ft

（2）以下程序中，函数 fun 的功能是：将自然数 1～10 以及它们的平方根写到名为 myfile3.txt 的文本文件中，然后再顺序读出显示在屏幕上。请在程序的空白处填入正确的内容，使程序得到正确的结果。

```
#include   <math.h>
#include   <stdio.h>
int fun(char  *fname )
{
    FILE  *fp;
    int  i,n; S
    float  x;
    if((fp=fopen(fname, "w"))==NULL)
          return  0;
    for(i=1;i<=10;i++)
             fprintf(_______①_______,"%d %f\n",i,sqrt((double)i));
    printf("\nSucceed!\n");
    _______②_______;
    printf("\nThe data in file :\n");
    if((fp=fopen(_______③_______,"r"))==NULL)
          return  0;
    fscanf(fp,"%d%f",&n,&x);
    while(!feof(fp))
    {
        printf("%d %f\n",n,x);
        fscanf(fp,"%d%f",&n,&x);
    }
    fclose(fp);
    return  1;
}
int main( )
{
    char  fname[ ]="myfile3.txt";
    fun(fname);
    return 0;
}
```

【解析】 上面程序中，将自然数 1～10 以及它们的平方根写到 fp 所指向的文件中，使用 for 循环，循环变量 i 从 1 变化到 10，每次循环时用 fprintf( )函数将 i 与 i 的平方根写入文件，fprintf( )函数的第一个参数为待写入数据的文件指针，第 1 个空的代码为：fp。文件写入数据后，需关闭文件，第 2 个的空代码为：fclose(fp)。使用 fopen( )函数打开文件文件时，第 1 个参数是要打开的文件的文件名，第 3 个空的代码为：fname。

【答案】 ① fp　　② fclose(fp)　　③ fname

7.2 练 习 题

1．选择题

（1）根据数据在文件中的存储形式，文件可以分为________。

A．文本文件和二进制文件　　B．普通文件和设备文件

C．顺序读写文件和随机读写文件　　D．标准文件和非标准文件

（2）在C语言中，用w+方式打开一个文件后，可以执行的文件操作是________。

A．可以任意读写　　B．只读

C．只能先写后读　　D．只写

（3）使用fopen( )函数打开文件时，若发生错误，则函数的返回值是________。

A．地址值　　B．NULL　　C．1　　D．EOF

（4）以下程序运行后，文件t1.dat中的内容是________。

```
#include <stdio.h>
void WriteStr(char *fn,char *str);
int main( )
{
    WriteStr("t1.dat","start");
    WriteStr("t1.dat","end");
    return 0;
}
void WriteStr(char *fn,char *str)
{
    FILE *fp;
    fp=fopen(fn,"w");
    fputs(str,fp);
    fclose(fp);
    return;
}
```

A．start　　B．end　　C．startend　　D．endrt

（5）若文本文件filea.txt中原有内容为：hello，则以下程序运行后，文件filea.txt中的内容是________。

```
#include <stdio.h>
int main( )
{
    FILE *fp;
    fp=fopen("filea.txt","w");
    fprintf(fp,"abc");
    fclose(fp);
    return 0;
}
```

A．helloabc　　B．abclo　　C．abc　　D．abchello

（6）以下程序运行后，输出结果是________。

```
#include<stdio.h>
int main( )
{
    FILE *fp;
    char str[10];
    fp=fopen("myfile.dat","w");
    fputs("abc",fp);
    fclose(fp);
    fp=fopen("myfile.dat","a+");
    fprintf(fp,"%d",28);
```

```
    rewind(fp);
    fscanf(fp,"%s",str);
    puts(str);
    fclose(fp);
    return 0;
}
```

A．abc　　　　B．28c　　　　C．abc28　　　　D．因类型不一致而出错

2．读程序写结果

已知在文件 data.txt 中存放的数据如下：

10　60　80　90　100　20　30　30　110

写出下面程序运行后的结果。

```
#include <stdio.h>
int main( )
{
    FILE *fp;
    int data[100],i,len,t;
    fp=fopen("data.txt","r");
    if(fp==NULL)
    {
        printf("文件打开失败！");
        return 0;
    }
    i=0;
    while(!feof(fp))
    {
        if(fscanf(fp,"%d",&t)==0)
              break;
          data[i]=t;
          i++;
    }
    len=i;
    for(i=0;i<len;i++)
        printf("%5d",data[i]);
    printf("\n");
    return 0;
}
```

3．程序填空题

从键盘输入一个字符串，以"！"结束。将该字符串中的小写字母全部转换成大写字母，然后输出到一个磁盘文件 test.txt 中保存。请在程序的空白处填入正确的内容，使程序得到正确的结果。

```
#include "stdio.h"
#include "stdlib.h"
int main( )
{
    FILE *fp;
    char str[100],filename[10]="test.txt";
    int i=0;
    if((________①________)==NULL)
```

```
    {
        printf("cannot open the file\n");
        exit(0);
    }
    printf("请输入一个字符串:\n");
    gets(str);
    while(str[i]!='!')
    {
        if(str[i]>='a'&&str[i]<='z')
            str[i]=str[i]-32;
    _______②_______;
        i++;
    }
    _______③_______;
    return 0;
}
```

7.3 练习题参考答案

1．选择题

（1）A （2）A （3）B （4）B （5）C （6）C

2．读程序写结果

10 60 80 90 100 20 30 30 110

3．程序填空题

（1）①`fp=fopen(filename,"w")` ② `fputc(str[i],fp);` ③ `fclose(fp);`

第二部分

实验指导

第 8 章

实验 1　C 语言开发环境

8.1　实 验 目 的

1．熟悉 C 语言运行环境。

2．掌握 C 语言程序的书写格式和结构。

3．掌握 C 语言程序上机执行步骤，了解运行一个 C 语言程序的方法。

8.2　典 型 案 例

1．在屏幕上输出一行文字 welcome to C world!。

（1）参考代码

```
#include<stdio.h>
int main( )
{
    printf("welcome to C world!\n");
    return 0;
}
```

运行结果：

```
welcome to C world!
```

（2）说明

① 在编写 C 语言程序时，符号只能是英文状态下的符号，不能是中文状态下的符号。例如上面的程序中，语句"return 0;"写成"return 0；"则是错误的，错误的原因是后面的语句中使用了中文状态下的分号。

② C 语言程序有且仅有一个 main( )函数。其中的语句必须都书写在{ }内。每条语句以分号结束。

③ 注意 main 的后面要书写一对圆括号( )。

④ printf( )函数是一个 C 语言提供的库函数，它的作用是在屏幕上输出指定的内容，本例输出 welcome to C world!字符串。字符串末尾的\n 是转义字符，其作用是回车换行。

⑤ stdio.h 是一个头文件，里面包含 printf 库函数的一些必要的说明信息。#include 是一条编译预处理命令，它负责把一对尖括号内的头文件包含在程序内。

（3）思考

① 该程序中 main( )函数的作用是什么？

② C 语言初学者如何编写风格好的程序？

2．编写程序，从键盘输入两个整数计算它们的乘积，并显示结果。

（1）参考代码

```
#include<stdio.h>
int main( )
{
    int a,b,c;
    printf("请输入两个整数: ");
    scanf("%d%d",&a,&b);
    c=a*b;                /*计算 a 与 b 乘积*/
    printf("两数的乘积为: %d\n",c);
    return 0;
}
```

运行结果：

请输入两个整数：3 5↙

两数的乘积为：15

（2）说明

① scanf( )函数是 C 语言提供的库函数，它的作用是从键盘输入所需的一些数据，并赋给相关的变量，需要注意的是在每个变量前面需要添加符号&。

② 在 main( )函数中，调用 scanf( )函数，从键盘给变量 a、b 输入数据，并计算 a 和 b 的乘积。

8.3 实验内容

题目 1：熟悉在 VC++开发环境中编写程序。

1．了解 VC++环境的组成

启动 Microsoft visual C++ 6.0，如图 8-1 所示。跟大多数的 Windows 应用程序一样，最上面是菜单，然后是工具栏，中间是工作区，最下面一行是状态栏。左边是 Workspace 窗口，右边是灰底的空白窗口。

注意：

工具栏提供了许多按钮，可以快速、方便地执行某些操作，例如打开文件、保存文件等。如果需要将某些按钮显示在工具栏上时，可以在在工具栏的空白区域单击鼠标右键，显示“定制”工具栏的界面，如图 8-2 所示，选中需要显示在工具栏中的按钮即可。

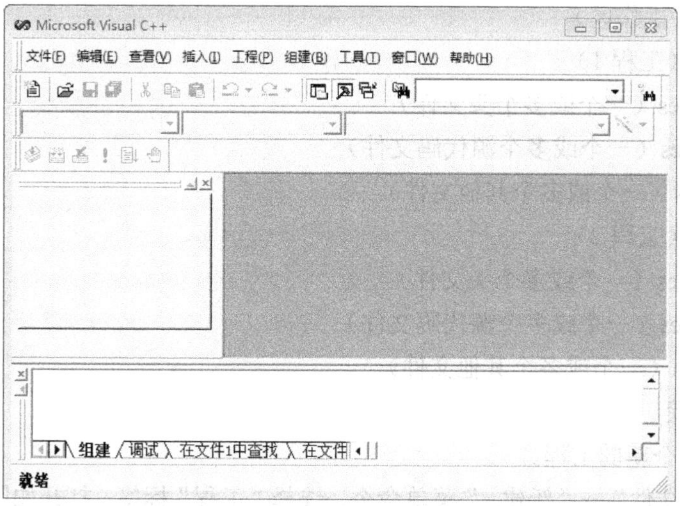

图 8-1　Microsoft visual C++ 6.0 界面

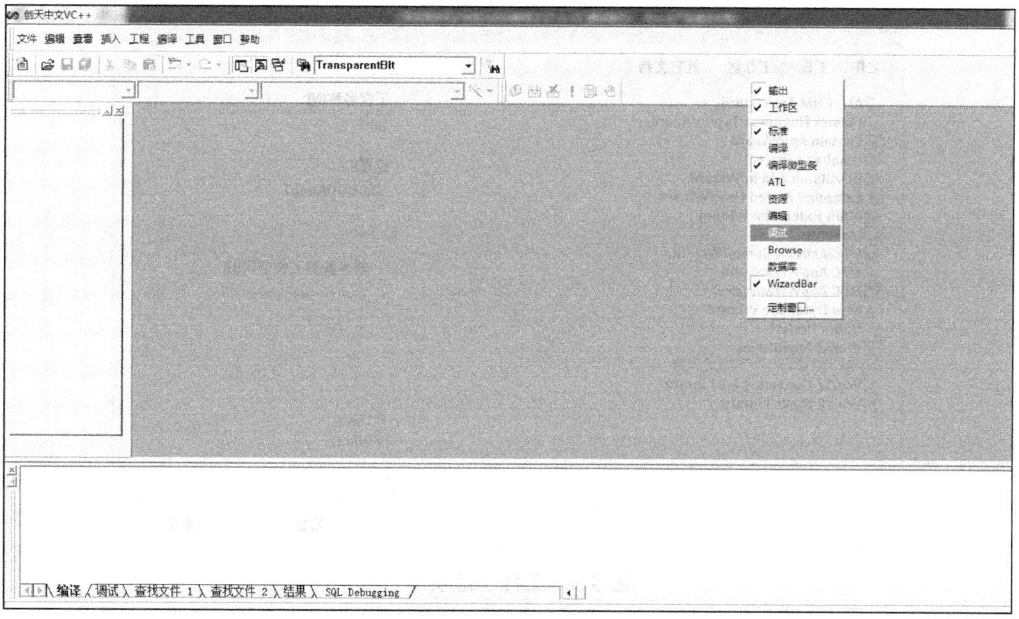

图 8-2　定制工具栏

2．了解工作区（Workspace）、工程（Project）、文件夹及源文件等概念

（1）VC 6.0是用工作区（Workspace）来管理项目和代码的。一次必须打开一个Workspace。

（2）一个Workspace中可以包含一个或多个工程（Project）。

（3）一个工程可以包含一个或多个文件夹。

（4）一个文件夹里面可以包含零个或多个文件。

（5）一个工程至少包含一个源代码文件。

（6）当创建新工程的时候，同时创建一个同名的Workspace，该workspace只包含一个项目，就是新创建的这个项目。VC 6.0在管理项目和代码的时候，是按照如下树型结构来组织的。

Workspace（工作区）

- Project 1（工程 1）
- Header files（一个或多个头文件）
- Source files（一个或多个源代码文件）
- Other files（一个或多个其他文件）
- Project 2（工程 2）
- Header files（一个或多个头文件）
- Source files（一个或多个源代码文件）
- Other files（一个或多个其他文件）。

3．编程步骤

（1）创建一个新的工程。

依次选择“文件”→“新建...”菜单命令，选择“工程”标签。打开如图 8-3 所示的“工程”选项卡。

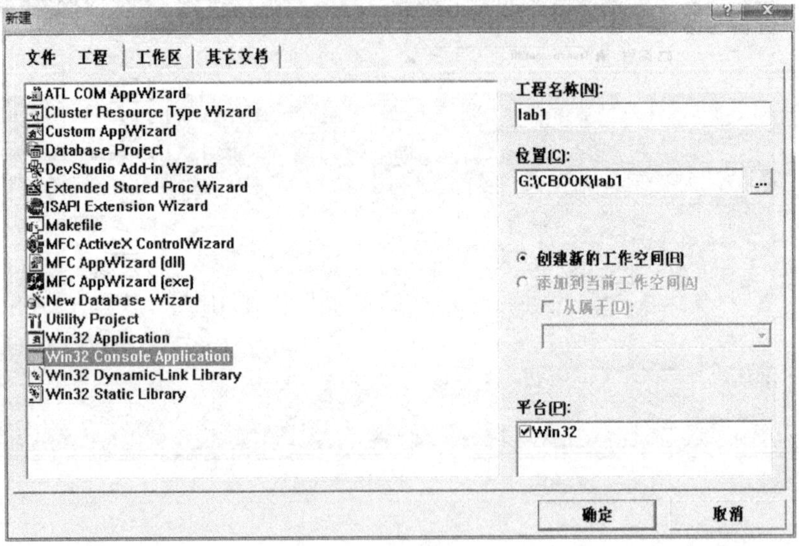

图 8-3　工程“选项卡”

在 VC 6.0 中，可以创建多种类型的工程，并且可以指定工程的名称和存储位置。在“工程”选项卡中选择工程类型，选择“Win32 Console Application”类型，也就是 Windows 32 控制台程序，或者俗称“黑屏”程序。在“位置”输入框中输入 G:\CBOOK\lab\或者从右边 ... 按钮选择项目要保存的位置。在“工程名称”输入框中填入工程名称 lab1。单击“确定”按钮完成工程的设置。接着会弹出选择创建控制台程序的类型的界面，如图 8-4 所示。

在这里可以选择第一个选项，也就是默认选项：一个空工程。然后单击“完成”按钮。

在窗口左半部分的 workspace 上，有两个选项卡，ClassView 和 FileView。ClassView 选项卡会显示当前工程中所声明的类、全局变量等；FileView 选项卡显示了当前项目中所有的文件。

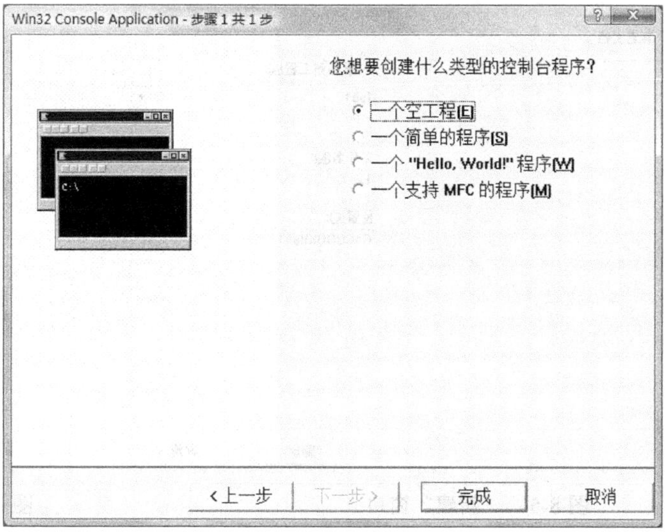

图 8-4　选择控制台程序类型的界面

在一个工程下面，有 3 个预定义的逻辑文件夹，它们分别是 Source Files、Header Files、Resource Files。在每一个文件夹下面，都没有文件，这是因为前面选择的是创建一个空的工程。就编写简单的单一源文件的 C 语言程序而言，只需要使用 Source Files 一个文件夹就够了。

查看物理文件夹。打开 Windows 资源管理器，定位到工程所在的文件夹。表 8-1 显示出这些文件和文件夹的简单说明。

表 8-1　文件和文件夹说明

文件和文件夹	说　明
文件 lab1.dsw	workspace 描述文件
文件 lab1.dsp	DemoQuestion 项目配置文件。包括逻辑文件夹在内的关于该项目的所有配置，都保存在此文件中
文件 lab1.ncb	VC 内部使用的一个临时文件
文件夹 Debug	Debug 版本的编译输出文件将被保存在该文件夹中

（2）将一个文件添加到一个空的工程中。

在新建了工程后，必须在该工程中添加.C 的源程序文件，以便书写代码。选择“文件”→“新建...”菜单命令，打开如图 8-5 所示的“新建”窗口。

在“文件”选项卡中，选择“C++ Source File”文件类型，在“文件名”文本框中输入文件名，例如 1.c。注意：1.c 后面的".c"后缀是必要的。单击“确定”按钮完成.c 源文件的创建。

当 1.c 源文件创建后，在左边 Workspace 窗口的 “FileView”选项卡中，可以看到新创建的文件 1.c，界面如图 8-6 所示。单击“1.c”可以在编辑器中打开该文件。

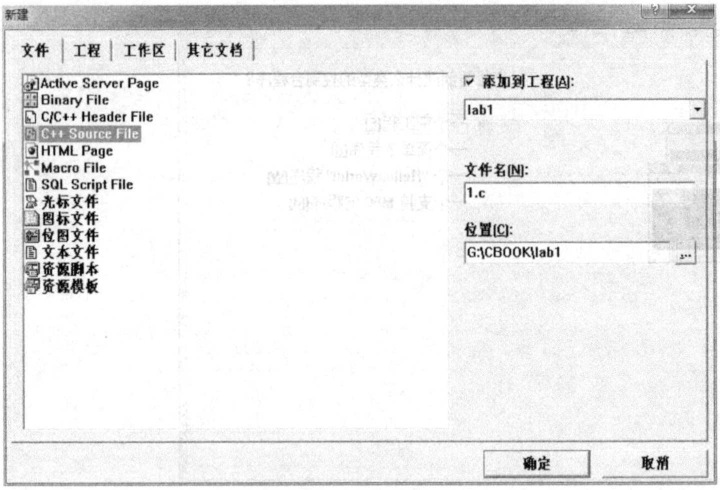

图 8-5 “新建”窗口

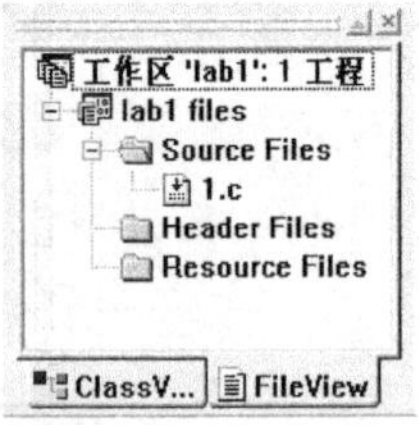

图 8-6 FileView 页面

注意：

① 在编译运行 C 语言程序前，切记先保存程序。否则，出现编译死机时，程序将丢失。

② 在编写代码时请注意养成良好的编程习惯（例如，一行编写一条语句；代码采用锯齿形式），以有利于代码的阅读。

③ 可以用 VC 6.0 提供的快捷方法将代码格式化成锯齿形式，其步骤是：在编辑器中按 ALT+a 键，全选代码，再按 ALT+F8 键。

④ 如果出现 VC 环境“死了”的情况，此时单击程序不动、关闭 VC 环境出现如图 8-7 所示的对话框。

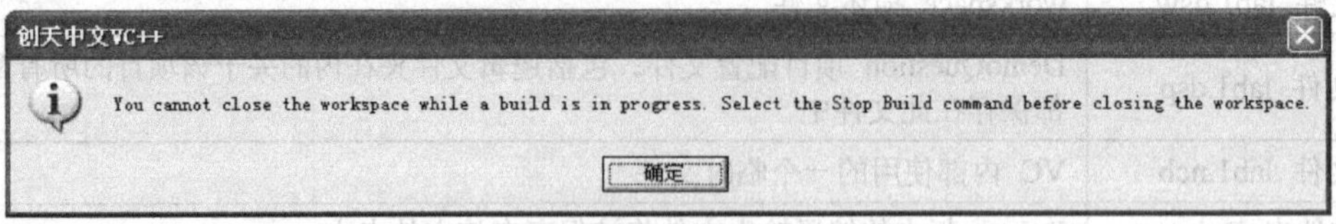

图 8-7 提示禁止关闭程序对话框

（3）编写程序

单击新创建的 C 语言源程序文件“1.c”，在编辑器中打开，并输入以下代码。

```
#include<stdio.h>
int main( )
{
    printf("This is my first C program!\n");
    return 0;
}
```

这时，按 Ctrl+ALT+Del 键，打开如图 8-8 所示的“Windows 任务管理器”窗口。选择“创天中文 VC++”并单击“结束任务”按钮，将 VC 强制关闭，重新启动即可。

（4）编译与连接

在编写完源程序文件后，可以通过菜单或者工具栏按钮进行编译。

如果使用菜单，可以选择“组建”→“编译[1.c] ctrl+F7”菜单命令或者“组建”→“组建[lab1.exe] F7”菜单命令。

如果使用工具栏，则使用鼠标右键单击工具栏的空白处，在弹出的菜单中选择“编译微型条”，就可以打开编译工具栏，再单击相应的按钮。

如果编译成功，会显示“0 error(s), 0 warning(s)”。另外，即便有一些 warning，也可能编译成功。Warning 表示该代码应该不会影响程序运行，但是有可能存在潜在的问题，编译器不推荐这么写。

（5）运行程序

单击“组建”→“执行[lab1.exe] Ctrl+F5”菜单命令或者单击编译工具栏的 ! 按钮来运行程序（运行程序之前要生成 exe 文件，可以通过菜单“组建”→“组建[lab1.exe] F7”完成）。程序运行界面如图 8-9 所示。

图 8-8　任务管理器

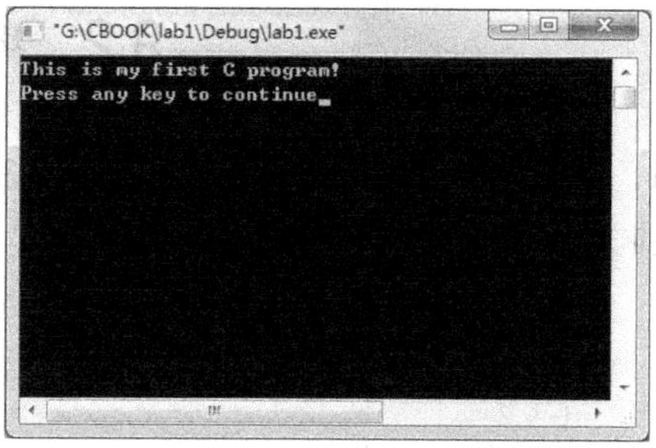

图 8-9　程序运行界面

题目 2：编写一个 C 语言程序，输出如下信息。

****

Very Good!

****

题目 3：在 VC 6.0 中输入以下程序，编译并运行程序。

```
#include<stdio.h>
int main( )
{
    int a, b, sum;
    printf("请输入两个整数: ");
    scanf("%d%d", &a, &b);
    sum = a + b;
    printf("两个整数的和为:%d+%d=%d\n", a, b, sum);
    return 0;
}
```

第 9 章

实验 2　基本数据类型与表达式

9.1 实 验 目 的

1. 掌握变量和常量的概念。
2. 掌握整型、浮点型、字符型变量的定义和引用方法。
3. 掌握简单算术表达式的书写与求值方法。

9.2 典 型 案 例

1. 分析下面的程序代码，写出运算结果。

（1）程序代码

```
#include<stdio.h>
int main( )
{
    int a, b;
    a = 2147483647;
    b = a + 1;
    printf("a=%d,a+1=%d\n",a,b);
    a = -2147483648;
    b = a - 1;
    printf("a=%d,a-1=%d\n",a,b);
    return 0;
}
```

运行结果：

```
a=2147483647,a+1=-2147483648
a=-2147483648,a-1=2147483647
```

（2）程序代码

```
#include<stdio.h>
int main( )
{
```

```
        float a;
        double b,c;
        a = 123.456789;
        b = a;
        c = 123.456789;
        printf("a=%f\nb=%f\nc=%f\n", a, b, c);
        return 0;
    }
```

运行结果：

a=123.456787

b=123.456787

c=123.456789

（3）分析

① 对于不同类型的变量，C 语言编译会在内存中为它分配相应数量的存储单元。在 VC++ 6.0 中，整型（int）变量分配 4 个字节，数值范围为−2 147 483 648~2 147 483 647。单精度浮点型（float）变量分配 4 个字节，双精度（double）变量分配 8 个字节（sizeof 运算符可以计算某个数据类型变量所占用的字节数）。

② 浮点型数据在计算机中表示时是有精度的，它由存放其尾数的存储位数决定。单精度浮点型数据的精度为 7 位有效数字，双精度浮点型数据的精度为 16 位有效数字。在定义数据类型时，应根据程序需要选择合理的数据类型。

2．计算并输出两个整数的平均值，输入和输出时要有文字说明。

（1）错误代码

```
    #include<stdio.h>
    int main( )
    {
        int a , b;
        float c;
        printf("请输入 a 和 b 的值：");
        scanf("%d%d", &a, &b);
        c = (a + b) / 2;
        printf("整数%d 和%d 的平均值为 %f \n", a, b, c);
        return 0;
    }
```

运行结果：

请输入 a 和 b 的值：5 6↙

整数 5 和 6 的平均值为 5.000000

分析：

程序运行时，从键盘输入 5 和 6 时，并没有输出预期的结果 5.500000，而是输出 5.000000。原因是由于 a 和 b 是整型变量，因此表达式(a+b) / 2 的值是整数 5，当把 5 赋给浮点型变量 c 时，C 语言自动将其转换为 5.000000。为了能得到结果 5.500000，可以将除号运算符的运算对象改成浮点型数据，例如，可以写成(a + b) / 2.0、(float)(a + b) / 2 或者(a + b) * 1.0 / 2。

（2）正确代码

```
#include<stdio.h>
int main( )
{
    int a , b;
    float c;
    printf("请输入 a 和 b 的值：");
    scanf("%d%d", &a, &b);
    c = (a + b) / 2.0;
    printf("%d + %d 的平均值为 %f \n", a, b, c);
    return 0;
}
```

运行结果：

请输入 a 和 b 的值：5 6↙

整数 5 和 6 的平均值为 5.500000

（3）思考

① 如果将语句“c = (a + b) / 2.0;”移动到语句“scanf("%d%d", &a, &b);”前面，程序能否正常运行，为什么？

② 输出结果中小数位数为 6 位，如何控制使输出的结果保留 1 位小数？

3．编程实现小写字母转换成大写字母，并以十进制形式输出其对应的 ASCII 代码值，输入和输出时要有文字说明。

（1）分析

通过查看 ASCII 码表，可以分析出大小写字母的 ASCII 码值之间的规律：每一个小写字母的 ASCII 码值比它的大写字母的 ASCII 码值大 32。C 语言把字符型数据当做整数来处理，因此字符型数据与整型数据之间可以进行运算与赋值。

（2）参考程序

```
#include<stdio.h>
int main( )
{
    char lower, upper;
    printf("请输入要转换的小写字母：");
    scanf("%c", &lower);
    upper = lower - 32;
    printf("小写字母%c 对应的十进制 ASCII 代码值为%d\n", lower, lower);
    printf("大写字母%c 对应的十进制 ASCII 代码值为%d\n", upper, upper);
    printf("小写字母%c 转换为大写字母为%c\n", lower, upper);
    return 0;
}
```

运行结果：

请输入要转换的小写字母：d↙

小写字母 d 对应的十进制 ASCII 代码值为 100

大写字母 D 对应的十进制 ASCII 代码值为 68

小写字母 d 转换为大写字母为 D

（3）思考

① 字符型数据和整型数据之间为什么可以进行算术运算？

② 是否可以将语句“scanf("%c", &lower);”中的%c 修改成%d？

9.3 实验内容

题目 1：输入一个华氏温度 f，要求输出摄氏温度 c。公式为$c=\frac{5}{9}(f-32)$，输入和输出时要有文字说明。

题目 2：从键盘输入 3 个字符，将它们反向输出，并输出这 3 个字符 ASCII 码值之和。

题目 3：已知一个学生三门课的考试成绩（语文 a，数学 b，英语 c），求该名学生考试的总分 total 和平均分 average。输入和输出时要有文字说明。

思考：

如果 scanf( )函数中的格式字符串写成如下几种形式，那么如何从键盘输入数据？

形式 1：scanf("%f, %f, %f", &a, &b, &c);

形式 2：scanf("%f　%f　%f", &a, &b, &c);

形式 3：scanf("a=%f, b=%f, c=%f", &a, &b, &c);

第 10 章

实验 3　顺序程序设计

10.1 实 验 目 的

1. 掌握输入输出函数的使用方法。
2. 掌握数学库函数的使用方法。
3. 掌握 C 语言顺序结构程序设计的方法。
4. 初步掌握 C 语言顺序结构程序调试的基本方法。

10.2 典 型 案 例

1. 阅读下面程序，若要使 a 的值为 3、b 的值为 7、x 的值为 8.5、y 的值为 71.82、c1 的值为字母 A、c2 的值为字母 a，请问在键盘上如何输入数据？（程序中的符号“␣”表示一个空格）

（1）程序代码

```
#include<stdio.h>
int main( )
{
    int a, b;
    float x, y;
    char c1, c2;
    scanf("a=%d␣b=%d", &a, &b);
    scanf("%f,%f", &x, &y);
    scanf("␣%c␣%c", &c1, &c2);
    printf("a=%d,b=%d,x=%f,y=%f,c1=%c,c2=%c\n",a,b,x,y,c1,c2);
    return 0;
}
```

（2）分析

可按如下方式在键盘上输入：

a=3 b=7↙

8.5,71.82↙

A a↙

输出为：

a=1,b=3,x=8.500000,y=71.279999,c1=A,c2=b

注意：

在第 3 个 scanf( )函数双引号中第一个字符为空格字符，如果没有这个空格字符，而写成：

```
scanf("%c  %c", &c1, &c2);
```

按以上的输入，输出就会变成以下两行：

```
a=3,b=7,x=8.500000,
y=71.820000,c1=,c2=A
```

这是因为在输入完第 2 行数据后按的“回车”键被作为一个字符送到内存输入缓冲区，当第 3 个 scanf 函数执行，将回车符读入到第 1 个变量 c1 中，第 3 行输入的第 1 个字符 A 被读入到变量 c2 中。所以在执行 printf( )函数输出 c1 时，输出的是一个回车符，输出 c2 时，输出的字符 A。在程序的第 3 个 scanf 函数的双引号中第 1 个字符处放了一个空格字符，这样第 2 行末尾输入的回车符就不会输入给 c1，而是与该空格字符对应，第 3 行输入的第 1 个字符 A 就被 c1 读取。

在程序中如果遇到输入字符时，由于键盘缓冲区的残留问题，可能会出现一些想象不到的情况（例如本题碰到的情况）。读者在遇到类似情况时，上机多试验一下就可以找出规律来。

（3）知识要点

scanf("%d%d",&a,&b);表示在输入数据时，在两个数据之间要以一个或多个空格、回车键、Tab 键分隔。

scanf("%d,%d",&a,&b);由于在格式控制字符串中除了格式转换说明符%d 外，还有一个逗号，所以输入数据时用逗号分隔，否则会导致程序运行错误。

scanf("%d%*c%d",&a,&b);中的%*c 格式控制符说明对应的输入项在读入后不赋给相应的变量，此时输入的 2 个数据可用空格或逗号等字符进行分隔，程序结果都正确，增加了用户输入数据的灵活性。

scanf("a=%d␣b=%d",&a,&b); 在格式控制字符串中除了有格式转换说明符外，还有“a=”、“␣b=”这样的普通字符，执行 scanf 函数时，这些普通字符不会在屏幕上显示，而是应该输入数据时，在对应位置原样输入这些普通字符，否则程序运行错误。

（4）思考

如果有语句 scanf("%c%c%c", &a, &b, &c)，在执行此语句时若输入：a␣b␣c↙（两个数据之间以空格分隔），结果会是怎样？为什么？

2．编程求 $y = x^b + |a|$。要求 x、a、b 的值从键盘输入，计算当 x=-2，a=-5，b=3 时，y 的值。

（1）分析

本程序要用到求幂函数和绝对值函数。在 C 语言中求幂函数为 pow( )函数，求绝对值函数为 fabs( )函数。由于要调用数学库函数，需要在程序的开头加一条#include 命令，把头文件 math.h 包含到程序中，否则会出现错误的结果。

（2）参考代码

```
#include<stdio.h>
#include<math.h>
int main( )
{
    double a,b,x,y;
    printf("请输入 x,a,b 的值:");
    scanf("%lf%lf%lf",&x,&a,&b);
    y = pow(x,b)+fabs(a);
    printf("y=%.2f\n",y);
    return 0;
}
```

运行结果：

请输入 x,a,b 的值:-2　-5　3↙

y=-3.00

3．已知梯形的上底 *a*=2，下底 *b*=3，高 *h*=5，编程求梯形的面积 *s*。下面的程序代码存在错误，请使用调试的方法找出程序中的错误。

（1）分析

梯形的面积＝（上底+下底）×高÷2。

（2）错误代码

```
#include<stdio.h>
int main( )
{
    int a,b,h;
    float area;
    printf("请输入梯形的上底, 下底, 高:");
    scanf("%d,%d,%d", &a, &b, &h);
    area=(a+b)*h/2;
    printf("梯形的面积=%f\n", area);
    return 0;
}
```

（3）调试程序

编写好的 C 语言程序，有可能因为程序中存在的逻辑错误或运行时输入的数据格式等问题，会得到不正确的结果，此时可以使用 VC 6.0 提供的调试工具对程序进行调试。在调试程序时，主要的任务就是查看程序运行时，程序的执行过程是否按照预期的顺序执行，以及查看是否按照预期的结果给变量赋了正确的值。

VC 6.0 提供了调试工具按钮，可以调试程序，如图 10-1 所示。

图 10-1　调试工具按钮

表 10-1 列举了常用的调试命令的意义，其中每行的菜单命令、按钮、快捷键所实现的操作完全等价，采用其中任意一种即可。

表 10-1 VC6.0 的基本调试命令

菜单命令	按钮	快捷键	说明
Go		F5	开始或继续在调试状态下运行程序
Run to Cursor		Ctrl+F10	运行到光标所在行
Insert/Remove Breakpoint		F9	插入或删除断点
Step Into		F11	单步进入，遇到函数则跟踪进入其内部
Step Over		F10	单步执行
Step Out		Shift+F11	跳出当前函数
Stop Debugging		Shift+F5	停止调试程序

调试步骤：

① 程序执行过程中可以手动暂停程序执行，以便观察程序阶段性结果。

若希望程序执行到“scanf("%f,%f,%f", &a, &b, &h);”（即第 7 行）暂停，则可采用以下任意一种方法。

方法一：使程序执行到光标所在的行暂停。

a．在第 7 行上单击，定位光标。

b．按快捷键 Ctrl+F10，程序执行到第 7 行就会暂停，进入跟踪状态，如图 10-2 所示。暂停的语句前会出现一个黄色的小箭头，表示该语句是下一条要执行的语句。

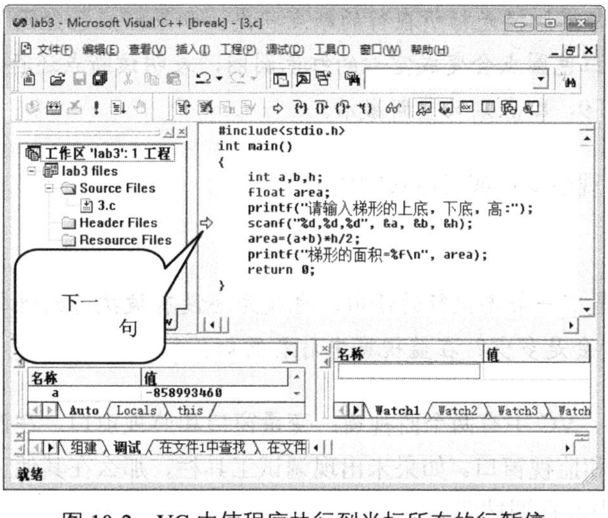

图 10-2 VC 中使程序执行到光标所在的行暂停

注意：

如果在 VC 6.0 的工具栏未出现调试按钮时，可以按照图 10-2 所示的方法选中“调试”，将调试按钮显示到工具栏。

方法二：在需要暂停的行上设置断点。

a．把光标定位在第 7 行，按 F9 键，这行代码前会出现一个红色的大圆点，标志着设置断点成功，如图 10-3 所示。

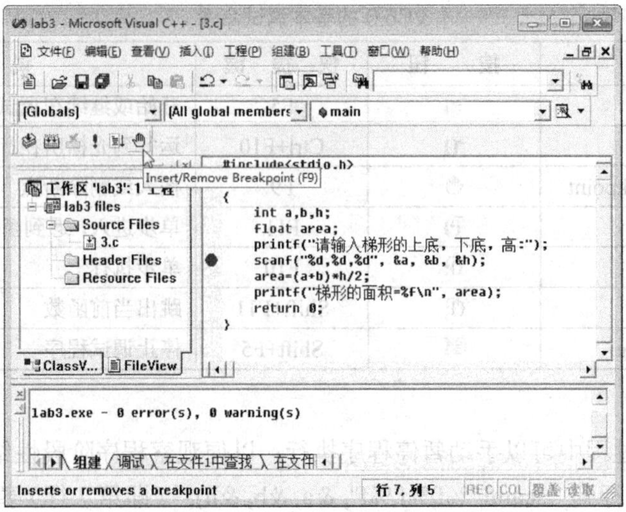

图 10-3 VC 中在需要暂停的行上设置断点

b．按 F5 键开始调试程序，程序遇到断点暂停，进入跟踪状态。

注意：

可以根据需要设置任意个数的断点。单击图 10-3 中的“插入/删除断点”按钮和按 F9 键完全等价，都可切换光标所在行的断点状态。如果断点已经设置，再在断点行按快捷键 Ctrl+F9，红色圆点会变成空心的红色圆圈，表明该断点还存在，但是已失效。再按快捷键 Ctrl+F9，断点则又重新激活。

② 在监视窗中观察变量或表达式的值。

注意：

暂停的语句是下一条要执行的语句，也就是还没有被执行的语句。那么现在变量 a、b、h 有值吗？会是多少？在监视窗中看看便知。

如图 10-4 所示，VC 中有两个监视窗：变量窗口和监视窗口。在调试工具栏中可设置打开/关闭变量窗口和监视窗口。如果未出现调试工具栏，那么在其他工具栏的任意位置右击，在弹出的菜单中选择调试即可。

变量窗口有多个，其中自动窗口（Auto）显示当前代码行和前面代码行中使用的变量，还显示函数返回值（如果有的话）。局部变量窗口（Locals）显示对于当前上下文来说位于本地的变量，通过局部变量窗口可以在程序执行过程中给变量赋一个新值。在监视窗口中可以添加要监视其值的变量或表达式。

图 10-4 的自动窗口中显示了有关变量的值。其中&a、&b、&h 为变量 a、b、h 在内存当中的地址，a、b、h、area 为变量 a、b、h、area 在内存当中的值。由于变量 a、b、h、area 在程序中还没有赋值，因此是一个随机数。

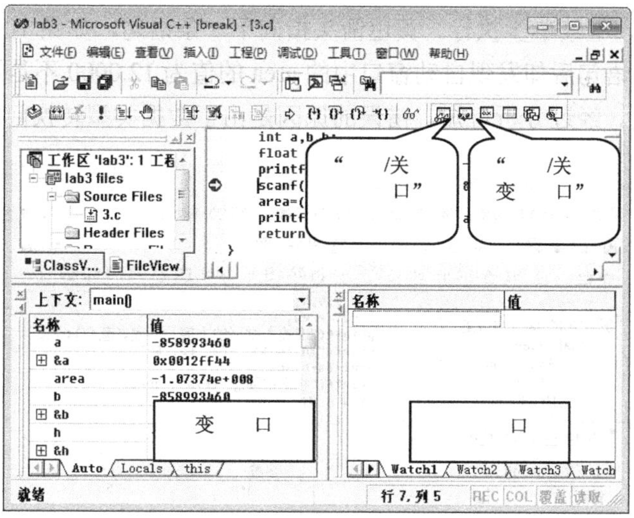

图 10-4　VC 中在需要暂停的行上设置断点的调试状态

③ 单步执行，在自动窗口中观察变量的值。

a．按 F10 键，开始单步执行，此时程序运行到输入变量值的状态，等待用户输入变量的值。在命令行窗口输入梯形上底、下底和高的值后按回车键，如图 10-5 所示。

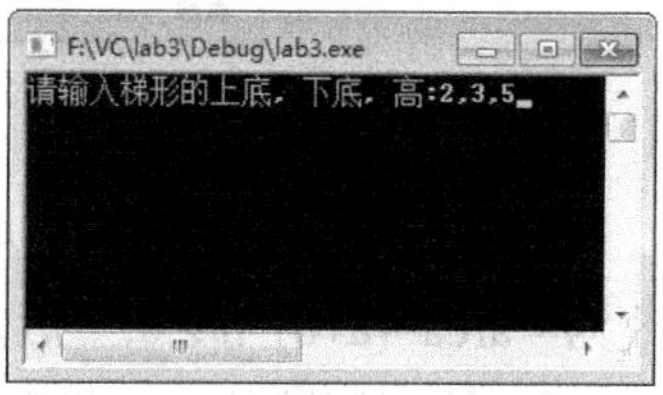

图 10-5　运行窗口界面

黄色箭头马上指向下一条语句，表示语句“scanf("%f,%f,%f", &a, &b, &h);”已经执行完毕，准备执行下一条语句。通过自动窗口可以看到变量 a、b、h 中的值已经发生了变化。各个变量的值如图 10-6 中所示，变量 area 的值仍然为一个随机数，因为它还没有被赋值。把光标移动到要观察的变量处，VC 会自动显示该变量的值。

在监视窗口内也可以查看表达式的值。例如，想观察表达式 a+b 的值，在第 1 行名称列中输入 a+b，在该行的值列中就会显示出表达式 a+b 在程序中计算后的值，如图 10-6 所示。

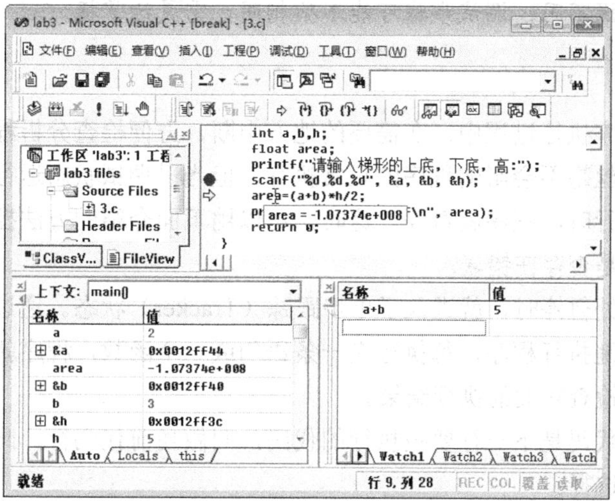

图 10-6　VC 中观察变量或表达式的值

b．按 F10 键，继续单步执行。黄色箭头指向下一条语句，如图 10-7 所示。而执行完“area=(a+b)*h/2;”语句后却发现自动窗口中的 area 的值为 12.0000,不是期望的值 12.5000，可知此处存在错误。经过分析可知，错误的原因是由于数据类型转换问题引起的。

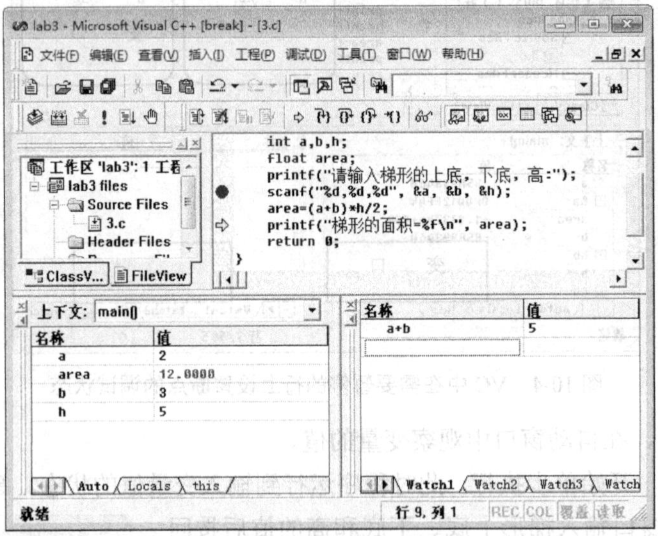

图 10-7　VC 中单步执行过程

至此，已经找到出错原因和修改方法了，接下来便可以修改程序，将“area=(a+b)*h/2;”改为“area=(a+b)*h/2.0;”后，重新编译、链接、运行程序即可得到正确结果。

④ 控制调试的“步伐”。

程序单步调试到中途或者调试过程结束后，如果要退出调试状态，可以按快捷键 Shift+F5 停止调试。

注意：

程序中的错误不同，调试步骤可能不尽相同，需灵活掌握。

（4）调试总结

断点可以让程序执行过程中，在需要的地方中断，方便检查分析程序。一个程序可以设置多个断点，这丝毫不会影响程序的正常执行。但当以调试状态运行程序时，每次运行到断点所在的代码行时，程序就暂停。这时，可以用下面介绍的方法控制和查看程序的状态，检查程序语句是否存在错误。

当程序在断点处暂停时，就进入了单步跟踪（Tracker）状态。通过单步跟踪，可以逐条语句或逐个函数地执行程序，每执行完一条语句或一个函数，程序就暂停，因此可逐条语句或逐个函数地检查它们的执行结果。

断点所在行的代码是下一行要被执行的代码，叫做当前代码行。此时对程序的单步跟踪执行有以下 6 个选择。

① 单步执行（Step Over）：执行一行代码，然后再暂停，如果存在函数调用语句，则

把整个函数视为单步一次执行（即不会在该函数中的任何语句处暂停）。该方式常用在模块（通常由一个或多个函数构成）调试时期，可以通过观察变量在模块执行前后的变化情况来确定该模块中是否存在错误，也可以用来跳过已测试完毕的模块。

② 单步进入（Step Into）：执行一行代码，如果此行中有函数调用语句，则进入当前代码行调用的函数内部，在该函数的第一行代码处暂停，也就是跟踪到函数内部；如果此行中没有函数调用，其作用与单步执行等价。该方式可以跟踪程序的每步执行过程，优点是容易直接发现错误，缺点是调试速度较慢。

单步进入一般只能进入有源代码的函数，例如用户自己编写的函数。有的编译器提供了库函数的代码，可以跟踪到库函数中执行。如果库函数没有源代码，就不能跟踪进入，此时有的调试器会以汇编代码的方式单步执行函数，有的调试器则忽略函数调用。

③ 运行出函数（Step Out）：继续运行程序，当遇到断点或返回函数调用者时暂停。当只想调试函数中的一部分代码，并在调试完后快速跳出该函数时，可以使用这个命令。

④ 运行到光标所在行（Run to Cursor）：将光标定位在某行代码上并调用这个命令，程序会执行直到抵达断点或光标定位的那行代码暂停。如果想重点观察某一行（或多行）代码，而且不想从第一行启动，也不想设置断点时，可以采用这种方式。这种方式比较灵活，可以一次执行一行，也可以一次执行多行；可以直接跳过函数，也可以进入函数内部。

⑤ 继续运行（Continue）：继续运行程序，当遇到断点时暂停。如果已经单步执行了感兴趣的代码行，则可以使用该方式，使程序继续执行，直到遇到下一个断点暂停。

⑥ 停止调试（Stop）：程序运行终止，回到编辑状态。

10.3 实验内容

题目1：设圆球的半径为 r，计算并输出圆球体积 v。输出结果保留2位小数。提示：计算圆球的体积公式为 $v=\frac{4}{3}\pi r^3$。

题目2：输入一个三位数整数 n，要求正确分离出它的个位数 g、十位数 s 和百位数 b。思考：请尝试用不同的方法分离出个位数 g、十位数 s 和百位数 b。

题目3：编程求 $y=\sqrt{ax}+\ln(a+x)+e^x$。从键盘输入 a 和 x，输出结果保留2位小数。

第 11 章

实验 4　选择程序设计

11.1 实 验 目 的

1. 学会正确使用逻辑运算符和逻辑表达式、关系运算符和关系表达式。
2. 熟悉并掌握 if 和 switch 语句的使用方法。
3. 熟悉选择结构程序中语句的执行过程。

11.2 典 型 案 例

1. 计算并输出如下分段函数的值，其中 x 的值从键盘输入。

$$f(x)=\begin{cases}2x & x\leqslant -10\\ 2+x & -10<x\leqslant 0\\ x-2 & 0<x\leqslant 10\\ x/10 & x>10\end{cases}$$

（1）分析

定义一个整型变量 x，存放从键盘输入的整数，定义一个浮点型变量 y，存放函数 $f(x)$ 的值。根据题意，可以使用嵌套的 if 语句，根据 x 的数值情况，计算 y 的值。程序处理流程如图 11-1 所示。

（2）参考代码

方法 1：

```
#include<stdio.h>
int main( )
{
    int x;
    float y;
    printf("请输入 x 的值:");
    scanf("%d", &x);
    if(x<=-10)
        y=2*x;
```

```
    else if(x<=0)
        y=2+x;
    else if(x<=10)
        y=x-2;
    else
        y=x*1.0/10;
    printf("y 的值为:%f\n", y);
    return 0;
}
```

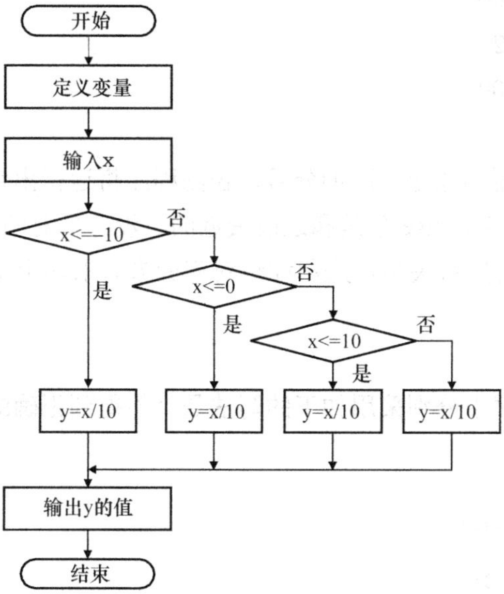

图 11-1　典型案例 1 程序处理流程图

方法 2：

```
#include<stdio.h>
int main( )
{
    int x;
    float y;
    printf("请输入 x 的值:");
    scanf("%d", &x);
    if(x<=0)
        if(x<-10)
            y=2*x;
        else
            y=2+x;
    else
            if(x<=10)
              y=x-2;
        else
              y=x*1.0/10;
    printf("y 的值为:%f\n", y);
    return 0;
}
```

运行结果：

①请输入 x 的值：-15↙

y 的值为：-30.000000

②请输入 x 的值：-5↙

y 的值为：-3.000000

③请输入 x 的值：4↙

y 的值为：2.000000

④请输入 x 的值：12↙

y 的值为：1.200000

（3）注意事项

① 在 if(表达式)后面不能随意添加分号，否则程序将运行出错。

② 在嵌套的 if 语句中，else 总是和之前最近的、没有配对的 if 配对。

③ 按照 else 和 if 的配对关系，采用缩进对齐的方式书写 if 语句，可以使程序结构更清晰，便于阅读。

（4）思考

如果方法 1 中的程序中分别采用如下的写法是否能得到正确的答案？

```
① if(x<=-10)
      y=2*x;
  else if(x>-10&&x<=0)
      y=2+x;
  else if(x>0&&x<=10)
      y=x-2;
  else if(x>10)
      y=x*1.0/10;
```

```
② if(x<=-10)
      y=2*x;
   if(x<=0)
      y=2+x;
   if(x<=10)
      y=x-2;
   if(x>10)
      y=x*1.0/10;
```

```
③ switch(x)
   {
       case x<=-10: y=2*x;break;
       case x>-10&&x<=0: y=2+x;break;
       case x>0&&x<=10: y=x-2;break;
       case x>10: y=x*1.0/10;break;
   }
```

2．请将以下 if 语句改写成 switch 语句（a>0 且 a 为整型数据）。

```
if(a<30)       m=1
else if(a<40)     m=2;
else if(a<50)     m=3;
else if(a<60)     m=4;
else           m=5;
```

（1）分析

使用 switch 语句编写程序时，需要将待判断条件的表达式的取值在 case 中一一罗列出来进行判断。例如，在第一个 if 语句中的条件 a<30 中，a 的取值为整数 29,28,…1，如果把这些值都列出来，程序会太繁琐，不太现实。通过对这些数据的规律分析，发现 29,28,…2,1 的十位上的数是 2、1、0，利用两个整数相除结果取整的特性，可以利用 a/10 的值来确定 switch 语句的分支。程序处理流程如图 2-4-2 所示。

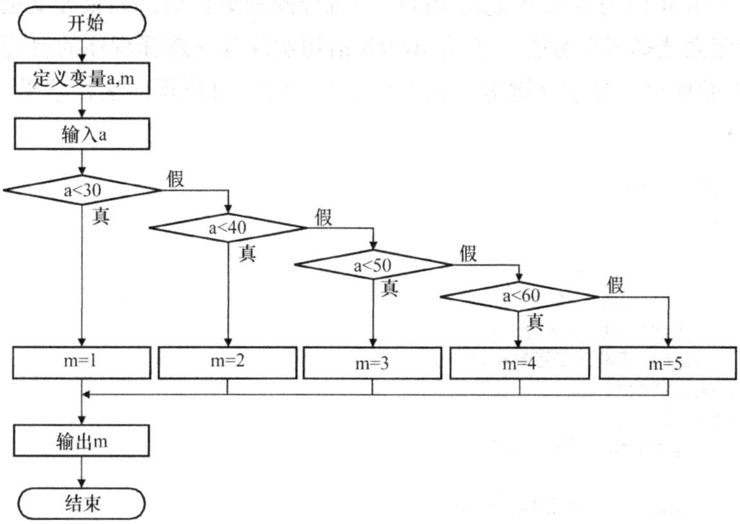

图 11-2 典型案例 2 程序处理流程图

（2）参考代码

```
#include<stdio.h>
int main( )
{
    int a,m;
    printf("请输入 a 的值:");
    scanf("%d", &a);
    switch(a/10)
    {
        case 0:
        case 1:
        case 2:m=1;break;
        case 3:m=2;break;
        case 4:m=3;break;
        case 5:m=4;break;
        default:m=5;break;
    }
    printf("m=%d\n", m);
    return 0;
}
```

运行结果：

请输入 a 的值:40↙

m=3

（3）注意事项

① switch 语句中，每个 case 后面的常量表达式的值必须互不相同，数据类型必须是整型或者字符型。由于是常量表达式，因此不能包含变量。

② case 和后面的常量表达式之间必须用空格分隔。

③ 花括号{}不能省略。

④ 设计程序时，应合理选用 if 和 switch 语句。如果分支选择的依据是变量或表达式的取值范围，使用 if 语句实现分支选择程序的流程控制更合适；如果分支选择是根据一个表达式的多种值来选择多个分支，使用 switch 语句实现分支选择程序的流程控制更合适。

3．运行下面程序，分别从键盘输入 1.1，2.1，3.2，分析程序运行结果。

（1）程序代码

```
#include <stdio.h>
int main( )
{
    float a,b,sum;
    printf("请输入两个加数:")
    scanf("%f%f",&a,&b);
    printf("请输入二者的和:")
    scanf("%f",&s);
    if(a+b==s)
        printf("正确!\n");
    else
        printf("不正确!\n");
    return 0;
}
```

运行结果：

请输入两个加数：1.1　2.1↙

请输入两个加数：3.2↙

不正确！

（2）分析

在 VC 6.0 中，浮点型数据是按 IEEE 754 编码格式存储的。IEEE 754 规定：用 4 个存储单元（32 位）存储一个单精度浮点型数据，存储形式如图 11-3 所示。

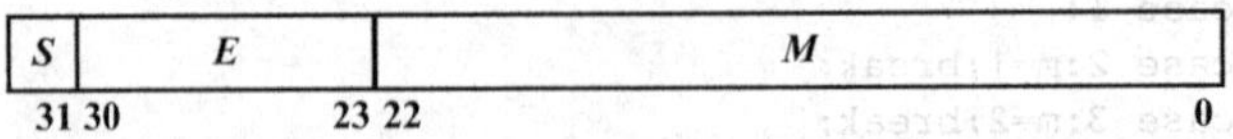

图 11-3　IEEE 754 单精度浮点型数据存储形式

其中，*S* 占 1 位，表示符号（1 表示负数，0 表示正数）；*M* 占 23 位，表示尾数；*E* 占 8 位，表示指数。所表示的单精度浮点型数据 *N* 的指数形式（除几个特殊情况外）为：

$N=(-1)^S \times 1.M \times 2^{E-127}$

因此 1.1 和 2.1 在内存中的存储形式分别为：

00 11111110 00110011001100110011001101

0 10000000 00001100110011001100110

按照二进制浮点数的加法规则，将指数小的浮点数 0 01111111 00011001100110011001101 转换成 0 10000000 10001100110011001100110 后，再将二者的尾数相加，因此二者的和为：

0 10000000 10011001100110011001100

而 3.2 在内存的存储形式为：

0 10000000 10011001100110011001101

很显然二者在计算机中的表示形式是不相同的，当使用关系运算符==判断时，运算结果为 0（假），这是由于浮点型数据的不精确性造成。一般在判断两个浮点型数据是否相等时，不使用关系运算==，而只需判断二者的差值是否小于某个较小的数即可（例如 1e-6）。正确的代码如下。

```
#include <stdio.h>
#include <math.h>
int main( )
{
    float a,b,sum;
    printf("请输入两个加数:")
    scanf("%f%f",&a,&b);
    printf("请输入二者的和:")
    scanf("%f",&s);
    if(fabs(a+b-s)<1e-6)
       printf("正确!\n");
    else
       printf("不正确!\n");
    return 0;
}
```

11.3　实验内容

题目 1：输入一个字符，如果是大写字母，将它转换成小写字母并输出；如果是小写字母，将它转换成大写字母并输出；如果都不是，则输出信息：输入错误，请重新输入!

题目 2：编写程序在屏幕上显示如下的菜单，并从键盘输入一个整数，如果数字在 1~4 的范围内，则输出这个数字后的文字。如果不在 0~4 的范围内则输出信息：输入错误。例如，输入 2，则输出：减法；输入 4，则输出：除法。

**********欢迎使用简易运算系统**********

1、加法

2、减法

3、乘法

4、除法

0、退出

**********欢迎使用简易运算系统**********

题目 3：从键盘输入一个年份和月份，输出该月有多少天（考虑闰年）。

提示：如果年份能被 400 整除，则它是闰年；如果能被 4 整除，而不能被 100 整除，则也是闰年，否则不是闰年。

第 12 章

实验 5　循环程序设计

12.1　实 验 目 的

1．熟悉并掌握 while 语句，do-while 语句和 for 语句实现循环的方法。

2．掌握程序设计中常用的算法，例如穷举法、迭代法等。

3．理解循环结构程序中语句的执行过程。

4．掌握 C 语言循环结构程序调试的方法。

12.2　典 型 案 例

1．从键盘输入一个整数 *n*，计算 *n* 的阶乘，调试并观察程序中变量值的变化情况。

（1）分析

定义变量 n 和 fact，分别保存从键盘输入的整数和该整数的阶乘。此题要注意阶乘变量 fact 的取值范围，应将 fact 的类型定义成取值范围更大的数据类型，如 float 类型和 double 类型。程序处理流程如图 12-1 所示。

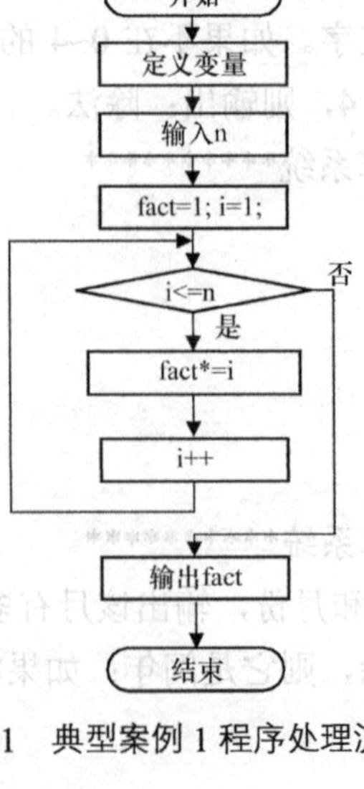

图 12-1　典型案例 1 程序处理流程图

（2）参考代码

方法 1：使用 for 语句。

```
#include<stdio.h>
int main( )
{
    int i,n;
    double fact;
    fact = 1;
    printf("请输入一个整数:");
    scanf("%d", &n);
    for(i=1; i<=n; i++) {
         fact *= i;
    }
    printf("n!=%.0f\n", fact);
    return 0;
}
```

方法 2：使用 while 语句。

```
#include<stdio.h>
int main( )
{
    int i,n;
    double fact;
    fact = 1,i=1;
    printf("请输入一个整数:");
    scanf("%d", &n);
    while(i<=n) {
         fact*= i;
         i++;
    }
    printf("n!=%.0f\n", fact);
    return 0;
}
```

方法 3：使用 do-while 语句。

```
#include<stdio.h>
int main( )
{
    int i,n;
    double fact;
    fact = 1,i=1;
    printf("请输入一个整数:");
    scanf("%d", &n);
    do{
         fact *= i;
         i++;
    }while(i<=n);
    printf("n!=%.0f\n", fact);
    return 0;
}
```

方法 4：使用 break 语句编写。

```
#include<stdio.h>
int main( )
```

```
{
    int i,n;
    double fact;
    fact = 1,i=1;
    printf("请输入一个整数:");
    scanf("%d", &n);
    while(1)
    {
        fact*= i;
        i++;
        if(i>n)break;
    }
    printf("n!=%.0f\n", fact);
    return 0;
}
```

运行结果：

请输入一个整数:5↙

n!=120

（3）调试程序

当程序编写完成后，运行结果并不是所期望的值时，可以通过调试程序来查找错误。假设方法 1 的程序中，没有对变量 fact 赋初值（即去掉语句 fact=1;），调试、观察并分析程序运行结果。

① 让程序执行到中途暂停，以便观察阶段性结果。

a．将光标定位在“scanf("%d", &n);”这行，按 F9 键，在当前行设置一个断点。

b．按 F5 键开始调试程序，程序遇到断点暂停，进入跟踪状态，如图 12-2 所示。

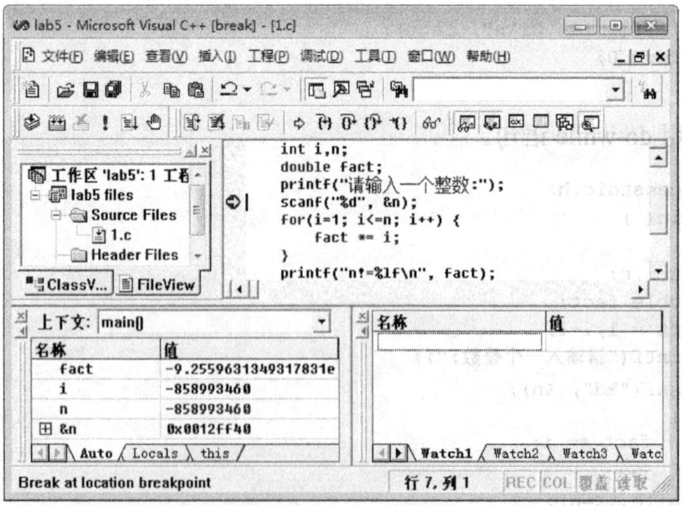

图 12-2　VC 中在需要暂停的行上设置断点的调试状态

② 单步执行，在局部变量窗口中观察变量的值。

a．按 F10 键，开始单步执行，此时程序运行到输入变量值的状态，等待用户输入变量的值。在命令行窗口输入 n 的值 5 后按回车键。

b．黄色箭头马上指向下一条语句“for(i=1; i<=n; i++) {”，通过局部变量窗口可以看到 n 的值变为了 5。

c．按 F10 键，继续单步执行。黄色箭头马上指向下一条语句，程序进入到循环体内部，开始了第 1 次循环，此时 i 的值为 1。

d．依次按 F10 键进行单步执行，会发现变量 fact 的值依次为一个随着循环次数变化的负数，而不是程序时所期望的值，此时可以断定程序的问题就出在变量 fact 上。经过检查程序后发现变量 fact 没有赋初值 1，而导致变量 fact 在程序开始时值为一个随机数。修改程序后，程序运行结果正常。

③ 控制调试的“步伐”。

本例中 n 赋值为 5，只执行了 5 次循环，用户还可以有足够的耐心等待循环结束，如果程序中有成千上万次循环，仍然按这种单步方式一步步地执行下去是不现实的。因此，可以根据需要控制调试的“步伐”。

a．如果想终止程序运行，可以按快捷键 Shift+F5 停止调试。

b．如果想全速继续运行程序，可以按 F5 键（与开始调试的按键相同），程序会一直运行到结束或再次遇到断点。

c．如果仅仅是想完成这个循环，那么把光标移动到循环语句之后的“printf("n!=%lf\n", fact);”这一行，按快捷键 Ctrl+F10 运行到光标所在的行，则黄色箭头停到“printf("n!=%lf\n", fact);”处，所有循环都已经完成。

2．36 块砖，36 人搬。男搬 4，女搬 3，两个小儿抬一砖。要求一次全搬完。问需男、女、小儿各若干（要求男、女、小孩必须都有）？

（1）分析

此题采用穷举法实现。所谓穷举法就是穷尽所有的可能，一一列举，然后测试，筛选出满足条件的数值。穷举显然要使用循环结构，测试则需要选择结构。在用穷举法编程时，往往还辅以标志法和计数器等技巧。

题目要求找出符合条件的男、女和小孩的人数。设 3 个整型变量 x、y、z 分别表示男、女和小孩的数量。根据题意可以列出以下方程：

$$\begin{cases} z = 36 - x - y \\ x \times 4 + y \times 3 + z/2 = 36 \end{cases}$$

注意：

z 必须是 2 的倍数。

上面的方程组中，符合题意的 x、y、z 的值显然是一组整数。可以采用穷举的方法来求解问题，将各种可能的取值一一列举出来进行测试。程序处理流程如图 12-3 所示。

（2）参考代码

```
#include<stdio.h>
int main( )
{
```

```
        int x,y,z;
        printf("男生\t 女生\t 小孩\n");
        for(x=1;x<=9;x++)
            for(y=1;y<=12;y++)
            {
                z=36-x-y;
                if(z%2==0&&x*4+y*3+z/2==36)
                    printf("%3d\t%3d\t%3d\n",x,y,z);
            }
        }return 0;
    }
```

运行结果：

男生　　女生　　小孩
　3　　　3　　　30

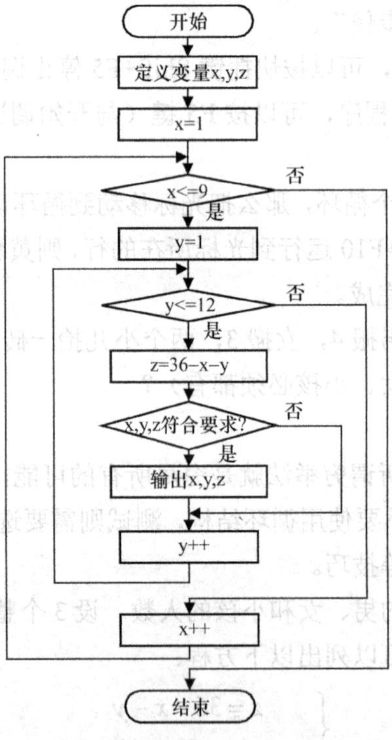

图 12-3　典型案例 2 程序处理流程图

3．编写程序，输入 x 的值，按下列公式计算 $\cos(x)$。

$$\cos(x)=1-\frac{x^2}{2!}+\frac{x^4}{4!}-\frac{x^6}{6!}+\cdots$$

要求精确到最后一项的绝对值小于 10^{-5}。

（1）分析

此题是一个累加求和的问题，可以使用迭代法求解。迭代法也称辗转法，是一种不断用变量的旧值递推新值的过程。此题迭代初值和循环条件都比较容易写出，难点在于迭代公式的确定。

显然有 $\cos x_i=\cos x_{i-1}+t_i$（$s_0=0$），即前 i 项的和等于前 i-1 项的和加上第 i 项。t_i 和 t_{i-1} 之间似乎没有明显的规律，但是注意到 $t_i=b_i/c_i$，而 $b_i=-b_{i-1}\times x^2$，即第 i 项的分子为第 i-1 项值的 $-x^2$ 倍，$c_i = c_{i-1}\times(2\times i)\times(2\times i-1)$，即第 i 项的分母为第 i-1 项值的 $(2\times i)\times(2\times i-1)$ 倍，因此 t_i 的迭代公式：

$$t_i=(-b_{i-1}\times x^2)/(c_{i-1}\times(2\times i)\times(2\times i-1))$$
$$=b_{i-1}/c_{i-1}\times(-x^2/((2\times i)\times(2\times i-1)))$$
$$=t_{i-1}\times(-x^2/((2\times i)\times(2\times i-1)))\qquad(t_0=1)$$

本题没有给出循环次数，只是提出了精度要求。在反复计算累加的过程中，一旦某一项的绝对值小于 10^{-5}，就达到了给定的精度，计算中止。程序处理流程如图 12-4 所示。

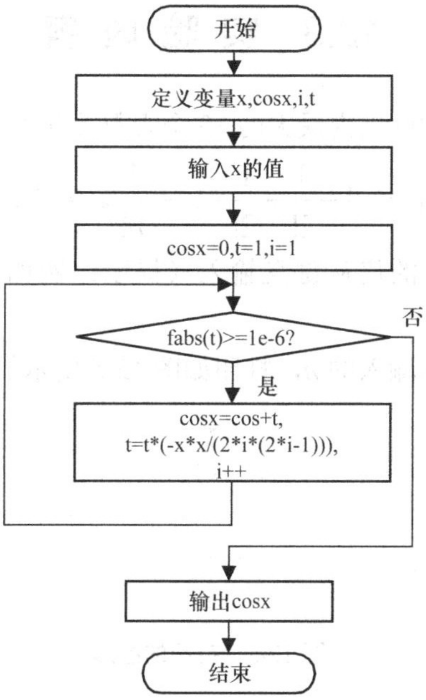

图 12-4 典型案例 3 程序处理流程图

（2）参考代码

```
#include<stdio.h>
#include<math.h>
int main( )
{
    float x,cosx,i,t;
    printf("请输入一个 x 值(弧度值):");
    scanf("%f",&x);
    cosx=0;t=1;i=1;         /*t 为每一项的值*/
    while(fabs(t)>1e-5)
    {
        cosx=cosx+t;
        t=t*(-x*x/(2*i*(2*i-1)));  /*更新 t*/
        i++;
    }
```

```
    printf("结果cos(%.2f)的值为:%.5f\n",x,cosx);
    }return 0;
}
```

运行结果：

请输入一个x值(弧度值):3.14↙

结果cos(3.14)的值为:-1.00000

说明：

如果将 t_i 写成 $t_i=(-1)^i\times x^{2*i}/((2\times i)!)$，也可以计算出cos($x$)的值，但是每次计算 t_i 时需要求 x 的 $2\times i$ 次幂和 $(2\times i)$ 的阶乘，相对于前面的迭代公式而言，效率会低很多。

12.3 实验内容

题目1：编写程序输出500以内最大的10个素数及其和。

题目2：编写程序，计算 $e=1+\frac{1}{1!}+\frac{1}{2!}+...+\frac{1}{n!}$。要求：使最后一项 $\frac{1}{n!}$ 的值小于等于给定的ε即可结束运算，ε的值从键盘输入（提示：例如，从键盘输入0.00001时，e=2.718279）。

题目3：编写程序，根据输入的 n，打印如图12-5所示的图形（例如：n=3）。

```
    *
  * * *
* * * * *
  * * *
    *
```

图12-5 打印的图形

第 13 章

实验 6　数组程序设计

13.1　实 验 目 的

1．熟练掌握一维数组、二维数组的应用。

2．通过上机实践掌握与数组有关的算法。

13.2　典 型 案 例

1．输入 10 个整数，再反向输出。

方法 1：

（1）分析

为了反向输出数组中的元素，可以按照输出第 9 个元素、第 8 个元素、……的顺序输出。所以在循环中，循环变量 i 从 9 开始，每次循环不断减 1，到 0 为止。

（2）参考代码

```
#include<stdio.h>
int main( )
{
    int a[10],i;
    for(i=0;i<10;i++)
        scanf("%d",&a[i]);
    for(i=9;i>=0;i--)
        printf("%3d",a[i]);
    printf("\n");
    return 0;
}
```

方法 2：

（1）分析

可以将数组中的元素按照对称位置交换后，再按照顺序，输出第 0 个元素、第 1 个元素……

（2）参考代码

```
#include<stdio.h>
int main( )
{
    int a[10],i,t,j;
    for(i=0;i<10;i++)
        scanf("%d",&a[i]);
    for(i=0,j=9;i<j;i++,j--)
    {
        t=a[i];a[i]=a[j];a[j]=t;
    }
    for(i=0;i<10;i++)
        printf("%3d",a[i]);
    printf("\n");
    return 0;
}
```

运行结果：

1 2 3 4 5 6 7 8 9 10↙

 10 9 8 7 6 5 4 3 2 1

（3）思考

① 在方法 1 的程序中，第一个循环条件 i<10 改为 i<=9 可以吗？如果改为 i<=10 呢？

② 如果采用如下的输入方式：1,2,3,4,5,6,7,8,9,10↙，可以吗？

③ 在方法 2 的程序中，如果将第二个 for 循环中的 for(i=0,j=9;i<j;i++,j--)修改成 for(i=0,j=9;i<10;i++,j--)，是否能得到正确的结果？

2．求两个 3×3 矩阵的和。

（1）分析

矩阵求和公式是 $C=A+B$，$C_{ij}=A_{ij}+B_{ij}$，即两个矩阵之和仍然是一个矩阵，其元素值是 A、B 两个矩阵相应位置的元素值之和。首先应定义 3 个 3 行 3 列的二维数组，分别用来表示 A、B 和 C 三个矩阵。然后用二重 for 循环结构来处理输入、输出以及求和。

（2）参考代码

```
#include<stdio.h>
#define N 3
int main( )
{
    int a[N][N],b[N][N],c[N][N],i,j;
    printf("请输入数组 a 的内容:\n");
    for(i=0;i<N;i++)
        for(j=0;j<N;j++)
            scanf("%d", &a[i][j]);
    printf("请输入数组 b 的内容:\n");
    for(i=0;i<N;i++)
        for(j=0;j<N;j++)
            scanf("%d", &b[i][j]);
    for(i=0;i<N;i++)
        for(j=0;j<N;j++)
            c[i][j]=a[i][j]+b[i][j];
    for(i=0;i<N;i++)
    {
```

```
        for(j=0;j<N;j++)
            printf("%3d␣" , c[i][j]);
        printf("\n");
    }
    return 0;
}
```

运行结果：

请输入数组 a 的内容：

1 2 3 4 5 6 7 8 9↙

请输入数组 b 的内容：

1 2 3 4 5 6 7 8 9↙

```
  2     4     6
  8    10    12
 14    16    18
```

3．编写程序，从键盘输入一个十进制的整数，输出它对应的二进制形式。

（1）分析

十进制整数转换为二进制整数采用“除 2 取余，逆序排列”法。具体做法是：定义一个一维数组，用 2 去除十进制整数，可以得到一个商和余数；再用 2 去除商，又会得到一个商和余数，如此进行，直到商为零时为止。将得到的余数依次存入一维数组，然后逆序输出一维数组中的元素，即为十进制整数所对应的二进制。程序处理流程如图 13-1 所示。

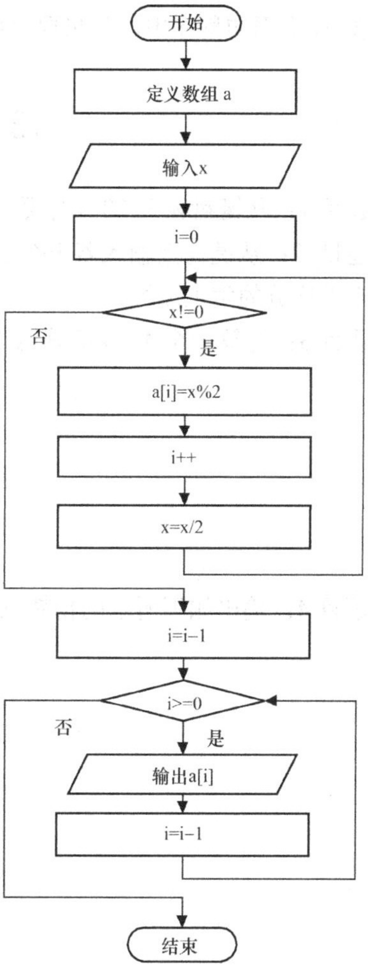

图 13-1　典型案例 3 程序处理流程图

（2）参考代码

```
#include<stdio.h>
int main( )
{
    int x,a[32],i=0;
    printf("请输入一个十进制整数:");
    scanf("%d",&x);
    while(x!=0)
    {
        a[i++]=x%2;
        x=x/2;
    }
    for(i--;i>=0;i--)
        printf("%d",a[i]);
    printf("\n");
    return 0;
}
```

（3）思考

① 为什么在执行第二个 for 循环之前，要将 i 减 1？

② 在上面的程序中，如果要输出该整数的十六进制，该如何编写程序？

13.3 实验内容

题目 1：从键盘输入 10 个整数，统计其中正数、负数和零的个数。

题目 2：从键盘上输入若干个学生的成绩，当输入负数时结束。统计平均成绩，并输出低于平均分的学生成绩。

题目 3：计算一个 4×4 矩阵两个对角线上元素之和。

1	2	3	4
5	6	7	8
9	10	11	12
13	14	15	16

题目 4：输出如下所示的杨辉三角。

```
1
1  1
1  2  1
1  3  3  1
1  4  6  4  1
```

第 14 章

实验 7　函数程序设计

14.1 实 验 目 的

1．掌握定义函数的方法及函数的调用过程。

2．掌握函数实参与形参的对应关系以及“值传递”的方式。

3．掌握函数程序调试的方法。

14.2 典 型 案 例

1．输出 100 以内的所有素数，调试并观察程序中变量值的变化情况。

（1）分析

要输出 100 以内的所有素数，首先要逐个判断 2~100 之间的所有数是否为素数，因此定义一个进行素数判断的 isPrime( )函数，其返回值为 1，表示是素数；返回值为 0，则表示不是素数。

（2）参考代码

```
#include<stdio.h>
int isPrime(int n);  /*函数声明*/
int main( )
{
    int i;
    for(i=2;i<=100;i++)
    {
        if(isPrime(i)==1)  /*调用函数 isPrime( )判断 i 是否是素数*/
            printf("%5d",i);
    }
    return 0;
}
int isPrime(int n)
{
    int i;
    for(i=2;i<n;i++)
    {
        if(n%i==0)
            return 0;  /*不是素数，返回 0*/
    }
```

```
        return 1;  /*n 是素数，返回 1*/
    }
```

（3）调试程序

当程序中包含自定义函数时，可以在调用自定义函数代码处或函数体内部设置断点，调试并观察函数体内运行情况。

① 让程序执行到中途暂停，以便观察阶段性结果。

a．将光标定位在主函数体“if(isPrime(i)==1)”这行，按 F9 键，在当前行设置一个断点。

b．按 F5 键开始调试程序，程序遇到断点暂停，进入跟踪状态。

② 单步进入，跟踪函数调用。

isPrime(i)是函数调用语句，想要进一步分析函数体内部的执行过程，则需要跟踪进入 isPrime( )函数。

a．按 F10 键是不进入函数内部单步跟踪的，它将会跳过当前调用函数代码行而执行下一条语句。正确的方法是按 F11 键单步进入，黄色箭头暂停在 isPrime( )函数上，如图 14-1 所示。

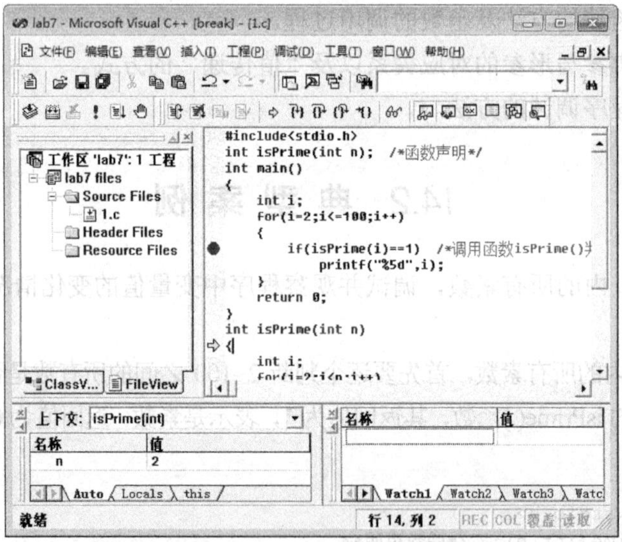

图 14-1　VC 中单步进入跟踪函数调用

b．现在，可以在 isPrime 函数中单步调试程序了。当函数体代码单步执行完成后，从 isPrime 函数返回，黄色箭头回到函数调用处，但这时 isPrime( )函数的调用已经结束。

c．再次按 F10 键，继续单步执行。根据 isPrime( )函数调用执行的结果，黄色箭头指向不同的语句。如果是素数，黄色箭头指向“printf("%5d",i);”行，在屏幕上打印此素数；如果不是素数，则跳过打印语句，黄色箭头指向循环体结束位置“}”。

d．此后，按 F10 键，程序继续下一次循环，当黄色箭头指向“if(isPrime(i)==1)”这行时，可以根据需要选择是否进入函数体内部观察程序执行情况，此处不再赘述。

③ 在函数体内部设置断点，跟踪函数体内部执行情况。

在第②步中，在函数调用语句处设置断点，根据是否需要进入函数体内部而选择在 F10 键和 F11 键之间切换，容易造成操作失误而漏过某次执行过程。另外一种方式是在函数体内部再设置一个断点，例如，在 isPrime( )函数体的“for(i=2;i<n;i++)”行处设置断点，如图 14-2 所示。此后，按 F5 键启动调试，程序会停留在函数调用处，按 F10 键程序会自动进入到函数体内部断点处暂停，然后一直按 F10 键便可以完成整个调试过程。

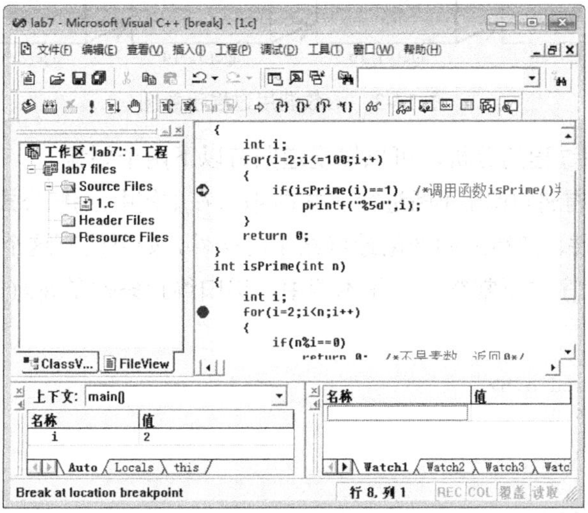

图 14-2　在 VC 中设置多个断点

在实际调试应用中，应根据需要合理设置一个或多个断点，以达到程序调试的目的。

④ 控制调试的“步伐”。

a. 如果想终止程序运行，可以按快捷键 Shift+F5 停止调试。

b. 当调试代码执行到函数体内部时，如果不想逐条跟踪，按快捷键 Shift+F11 就可以运行完被调用的函数，直接返回到函数调用处。

2. 有 5 个人坐在一起，问第 5 个人多少岁？他说比第 4 个人大 2 岁。问第 4 个人岁数，他说比第 3 个人大 2 岁。问第三个人，又说比第 2 个人大 2 岁。问第 2 个人，说比第 1 个人大 2 岁。最后问第 1 个人，他说是 10 岁。请问第 5 个人多大。

（1）分析

要求第 5 个人的年龄，就必须知道第 4 个人的年龄，而求第 4 个人的年龄就必须先知道第 3 个人的年龄，而第 3 个人的年龄又取决于第 2 个人的年龄，第 2 个人的年龄取决于第 1 个人的年龄。而且每一个人的年龄都比前 1 个人的年龄大 2 岁。即：

$age(5) = age(4) + 2$

$age(4) = age(3) + 2$

$age(3) = age(4) + 2$

$age(2) = age(1) + 2$

$age(1) = 10$

这是一个递归问题，递归关系可以用数学公式表述如下：

$$age(n) = \begin{cases} 10 & n = 1 \\ \text{age}(n-1) + 2 & n > 1 \end{cases}$$

函数调用过程如图 14-3 所示：

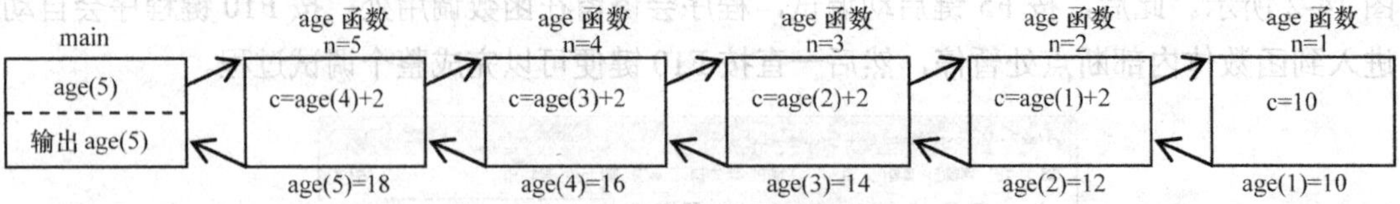

图 14-3 函数调用过程示意图

通过对递归调用过程的分析，可以发现递归有以下两个要素。

① 递归公式。使得递归调用不断进行下去的因素，在本例中，递归公式是 age(n)=age(n-1)+2。

② 递归终止条件。使得递归调用最终结束的条件，如果没有这个条件，将出现无限递归的情况，最后使程序非正常终止。在本例中，递归终止条件是 age(1)=10。

（2）参考代码

```
#include <stdio.h>
int age(int n)
{
    int c;
    if(n==1)
        c=10;
    else
        c=age(n-1)+2;
    return c;
}
int main( )
{
    printf("%d\n",age(5));
    return 0;
}
```

运行结果：

18

3．计算 $s=1^k+2^k+3^k+\cdots n^k$（$0\leqslant k\leqslant 5$）的结果，其中 n，k 的值由键盘输入。

（1）分析

该程序的功能是求 1~n 的 k 次方之累加和。按照模块化程序设计的方法，定义函数 int myPower (int i,int k)计算 i^k。定义函数 int sum(int n,int k)计算 $1^k+2^k+3^k+\ldots+n^k$。

（2）参考代码

```
#include<stdio.h>
int myPower(int i,int k)
{
    int s=1;
    int j;
    for(j=1;j<=k;j++)
        s*=i;
    return s;
}
int sum(int n,int k)
{
    int sum=0;
    int i;
    for(i=1;i<=n;i++)
```

```
        sum+= myPower (i,k);
    return sum;
}
int main( )
{
    int n,k;
    printf("input n k:");
    scanf("%d %d",&n,&k);
    printf("%d\n",sum(n,k));
    return 0;
}
```

运行结果：

input n k:3 2↙

14

4．在歌星大奖赛中有 10 个评委为参赛选手打分。评分原则是去掉一个最高分，去掉一个最低分，剩下的分数取平均值为选手的最终得分。评委打分的范围是 60~100，要求每个裁判的分数由随机数生成，各个功能由函数来实现。

（1）分析

在 main( )函数中定义一个一维数组用来保存 10 个评委的打分分数，如果每次运行程序都要输入 10 个分数，将是一个很费事的事情，因此本程序的 10 个分数采用生成随机数来模拟。在 VC 6.0 中，提供了 rand( )函数来产生随机数，对应的头文件为 stdlib.h。该函数的功能是返回一个在 0～32767 范围内的伪随机数。

为了使程序每次运行时都能为 rand( )函数设置不同的随机数种子，一般都通过 time( )函数读取计算机的时钟值，并将该函数的返回值作为 srand( )函数的参数实现，即：srand(time(NULL))；time( )函数返回以秒计算的当前时间值，即一个代表时间的字符串，使用 NULL 作为 time 的参数时，返回值被转换成为一个无符号整数。该函数对应的头文件为 time.h。

评委打分的随机数限制在一个固定范围内的，需要对 rand( )函数的返回值进行处理，要产生（60~100）范围的随机数的一般做法是：rand( )%(100-60+1)+60。

分别定义一些函数来实现各部分功能。

① 函数 input(int a[ ])，调用生成随机数的 rand( ) 函数，生成 10 个评委的成绩，保存在数组 a 中。

② 函数 output(int a[ ])，输出数组 a 中保存的 10 个评委的打分成绩。

③ 函数 highScore(int a[ ])，求 10 个评委的最高分。

④ 函数 lowScore(int a[ ]) ，求 10 个评委的最低分。

⑤ 函数 countScore(int a[ ])，求选手最终得分。

通过这个例子发现，可以将复杂的事情层层分解，最终形成一些相对简单的子功能。每个子功能分别用函数实现，它们互相协作。这样做不仅程序结构显得清晰，代码可读性强，而且便于修改和扩充。

（2）参考代码

```
#include<stdio.h>
#include<stdlib.h>
#include<time.h>
```

```
#define N 10
void input(int a[ ])
{
    int i;
    srand(time(NULL)); /*用 time( )函数的返回值设置随机数种子*/
    for(i=0;i<N;i++)
        a[i]=rand( )%41+60;    /*产生[60, 100]范围内的随机数*/
    return;
}
void output(int a[ ]) /*输出 10 个评委的打分成绩*/
{
    int i;
    printf("10 个评委的打分成绩分别为:");
    for(i=0;i<N;i++)
        printf("%4d", a[i]);
    printf("\n");
    return;
}
int highScore(int a[ ])        /*求 10 个评委的最高分*/
{
    int i,maxValue;
    maxValue=a[0];
    for(i=1;i<N;i++)
        if(a[i]>maxValue)
            maxValue=a[i];
    return maxValue;
}
int lowScore(int a[ ])         /*求 10 个评委的最低分*/
{
    int i,minValue;
    minValue=a[0];
    for(i=1;i<N;i++)
        if(a[i]<minValue)
            minValue=a[i];
    return minValue;
}
double countScore(int a[ ])          /*求选手最终得分*/
{
    int i,total=0;
    for(i=0;i<N;i++)
        total+=a[i];
    return (total-highScore(a)-lowScore(a))*1.0/8;
}
int main( )
{
    int a[N];
    input(a);
    output(a);
    printf("该名选手的最终成绩为:%.2f\n",countScore(a));
    return 0;
}
```

运行结果：

10 个评委的打分成绩分别为: 82 86 67 75 80 77 81 100 80 73

该名选手的最终成绩为:79.25

（3）思考

上面程序中各个子函数只能处理 10 个评委的成绩，如果要函数能够处理任意个成绩，子函数该做如何修改？

14.3 实验内容

题目 1：编写程序，计算并输出 $s=\dfrac{m!}{(m-n)!\times n!}$ 的值。

要求：

（1）定义函数 double fact(int n)，该函数的功能是返回参数 n 的阶乘。

（2）在主函数中调用 fact 函数，计算并输出 s 的值。

（3）主函数中要求对 m，n 的合法性进行判断。

题目 2：已知 $s(x)=x-\dfrac{x^3}{3\times1!}+\dfrac{x^5}{5\times2!}-\dfrac{x^7}{7\times3!}+\cdots$。编写程序，求 s($x$)后面的 20 项的和，$x$ 从键盘输入。

要求：

1．定义函数 double fact(int n)，返回参数 n 的阶乘

2．定义函数 double power(double x,int n),返回参数 x 的 n 次方

3．在主函数中调用上述函数计算 s 的值并输出

题目 3：10 个学生有 5 门课的成绩，假设成绩范围为 60~100，分别用子函数实现下面功能。

（1）用随机数模拟生成 10 个学生每门课的成绩。

（2）求每个学生的平均分。

（3）求每门课的平均分。

（4）以图 14-4 所示样式输出 10 个学生每门课程的成绩，以及每个学生的平均分和每门课的平均分。

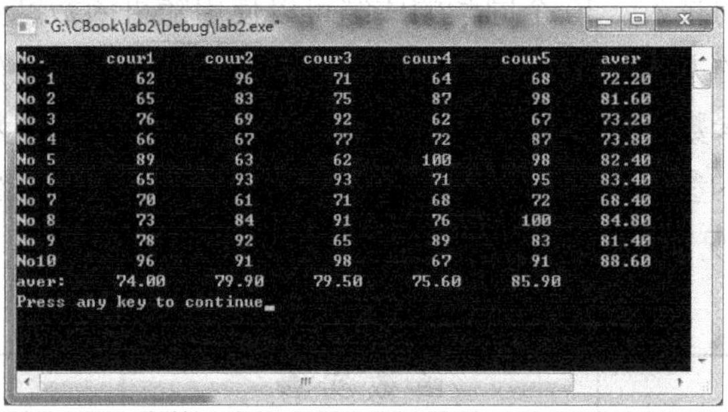

图 14-4 输出样式

提示：

可以定义二维整型数组 int score[10][5]用来保存 10 个学生的每门课程成绩，一维浮点型数组 double a_stu[10]用来保存每个学生的平均分，一维浮点型数组 double a_cour[5]用来保存每门课的平均分。

第 15 章

实验 8　指针程序设计

15.1 实验目的

1．掌握指针变量的定义与引用。

2．掌握使用指针访问数组元素的方法。

3．掌握指针作为函数参数的方法。

4．掌握字符串的使用方法。

15.2 典型案例

1．请使用指针的方法编写程序，求某班（30 人）的 C 语言平均成绩，平均成绩用自定义函数来实现。

（1）分析

为了计算该班 30 个同学的平均成绩，可以定义一个长度为 30 的数组存放每个同学的成绩。为了减少成绩的录入，30 个同学的成绩可以使用随机函数产生。

使用模块化程序的方法，在程序中定义函数 average( )，计算数组中各元素的平均值，数组首元素的地址以参数形式传入。在 C 语言中，函数形参可以是数组或者指针的形式，指针和数组名可以作为参数的传址调用方式。一维数组的指针和数组名作为函数的参数共表 15-1 所列的 4 种情况。

表 15-1　　指针和数组名作为函数参数

序　号	函数实参	函数形参
1	数组名	数组
2	数组名	指针变量
3	指针变量	数组
4	指针变量	指针变量

第 1 种情况在函数程序设计实验中已充分说明，下面分别举例说明后 3 种情况。

（2）参考代码

方法 1：数组名作为实参，指针变量作为形参的方式。

```
#include<stdio.h>
#include<stdlib.h>
#include<time.h>
#define N 30
float average(int *p);
int main( )
{
    int a[N],i;
    float aver;
    srand(time(NULL));  /*用 time( )函数的返回值设置随机数种子*/
    for(i=0;i<N;i++)
    {
        a[i]=rand( )%41+60;    /*产生[60,100]范围内的随机数*/
        printf("%-4d", a[i]);
        if((i+1)%10==0)
            printf("\n");
    }
    aver=average(a);
    printf("平均成绩=%5.2f\n",aver);
    return 0;
}
float average(int *p)
{
    float aver;
    int i;
    for(i=0,aver=0;i<N;i++,p++)
        aver+=*p;
    return aver/N;
}
```

方法 2：指针变量作为实参，数组作为形参的方式。

```
#include<stdio.h>
#include<stdlib.h>
#include<time.h>
#define N 30
float average(int b[ ]);
int main( )
{
    int a[N],i,*p;
    float aver;
    srand(time(NULL));  /*用 time( )函数的返回值设置随机数种子*/
    for(i=0;i<N;i++)
    {
        a[i]=rand( )%41+60;    /*产生[60, 100]范围内的随机数*/
        printf("%-4d", a[i]);
        if((i+1)%10==0)
            printf("\n");
    }
    p=a;
    aver=average(p);
    printf("平均成绩=%5.2f\n",aver);
    return 0;
}
float average(int b[ ])
```

```
    {
        float aver;
        int i;
        for(i=0,aver=0;i<N;i++)
            aver+=b[i];
        return aver/N;
    }
```

方法 3：指针变量作为实参，指针变量作为形参的方式。

```
#include<stdio.h>
#include<stdlib.h>
#include<time.h>
#define N 30
float average(int *p);
int main( )
{
    int a[N],i,*p;
    float aver;
    srand(time(NULL));  /*用 time( )函数的返回值设置随机数种子*/
    for(i=0;i<N;i++)
    {
        a[i]=rand( )%41+60;    /*产生[60,100]范围内的随机数*/
        printf("%-4d", a[i]);
        if((i+1)%10==0)
            printf("\n");
    }
    p=a;
    aver=average(p);
    printf("平均成绩=%5.2f\n",aver);
    return 0;
}
float average(int *p)
{
    float aver;
    int i;
    for(i=0,aver=0;i<N;i++,p++)
        aver+=*p;
    return aver/N;
}
```

2．从键盘输入 *n* 个整数，将其中前面的 *n-m* 个数顺序向后移动 *m* 个位置，最后 *m* 个数变成最前面 *m* 个数，如图 15-1 所示。

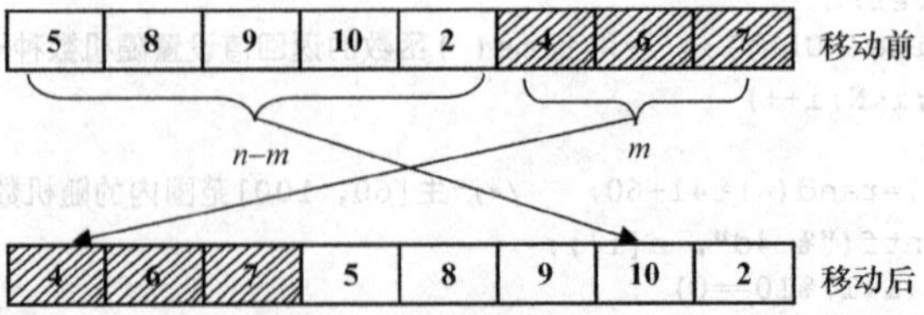

图 15-1　移动数组元素

方法 1：

（1）分析

在程序中定义两个数组，第 1 个数组 src 存放原始的数据，第 2 个数组 dst 存放移动后的数据。定义函数 move( )，函数的功能是依次将第 1 个数组中的数据存放到第 2 个数组中。

即将数组 src 中从第 n-m 个元素开始到最后一个元素之间的所有元素，顺序将其保存到 dst[0],dst[1]，…dst[m-1]中，然后再将数组 src 中从第 0 个元素开始到第 n-m-1 个元素之间的所有元素，顺序将其保存到 dst[m]，dst[m+1]，…dst[n-1]中。如图 15-2 所示。

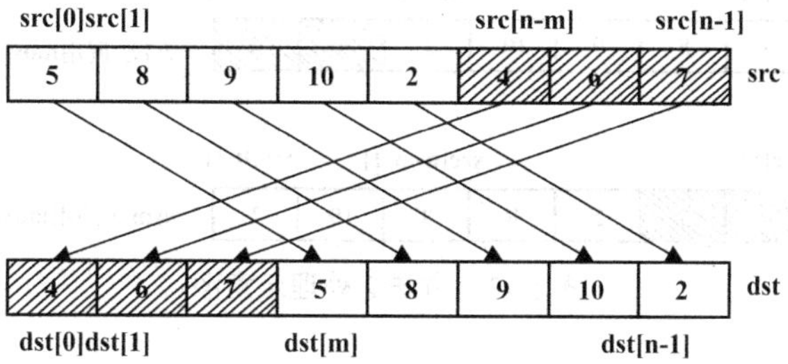

图 15-2　方法 1 处理示意图

（2）参考代码

```
#include<stdio.h>
void move(int src[ ],int dst[ ],int m,int len);
int main( )
{
    int src[20],dst[20],n,m,i;
    printf("请输入数据个数");
    scanf("%d",&n);
    printf("请输入%d 个整数\n",n);
    for(i=0;i<n;i++)
        scanf("%d",&src[i]);
    printf("请输入需要移动的数据个数! ");
    scanf("%d",&m);
    move(src,dst,m,n);
    printf("移动后的数据:\n");
    for(i=0;i<n;i++)
        printf("%d ",dst[i]);
    printf("\n");
    return 0;
}
void move(int src[ ],int dst[ ],int m,int len)
{
    int i,j;
    for(i=len-m,j=0;i<len;i++,j++)
        dst[j]=src[i];
    for(i=0;i<len-m;i++,j++)
        dst[j]=src[i];
    return;
}
```

方法 2：

（1）分析

定义函数 move( )，函数的功能是将数组中的最后一个元素移动到数组的第 0 个元素中，其余元素依次向后移动一个位置。然后在主函数中调用 move 函数 m 次，完成程序的功能，如图 15-3 所示。

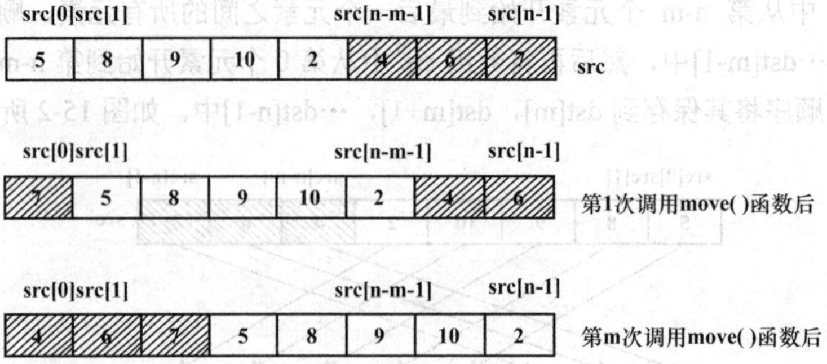

图 15-3　方法 2 处理示意图

（2）参考代码

```
#include<stdio.h>
void move(int src[ ],int len);
int main( )
{
    int src[20],n,m,i;
    printf("请输入数据个数：");
    scanf("%d",&n);
    printf("请输入%d 个整数：\n",n);
    for(i=0;i<n;i++)
        scanf("%d",&src[i]);
    printf("请输入需要移动的个数");
    scanf("%d",&m);
    for(i=0;i<m;i++)
        move(src,n);
    printf("移动后的数据为:\n");
    for(i=0;i<n;i++)
        printf("%d ",src[i]);
    printf("\n");
    return 0;
}
void move(int src[ ],int len)
{
    int i,t;
    t=src[len-1];
    for(i=len-1;i>0;i--)
        src[i]=src[i-1];
    src[0]=t;
    return;
}
```

方法 3：

（1）分析

定义函数 void move(int array[20],int n,int m)实现 m 个数的移动。move(int array[20],int n,int m)函数算法如下。

① 将最后一个数存放到变量 array_end 中。

② 从数组最后一个元素开始，利用循环将每一个元素依次后移。

③ 将存放到变量 array_end 中的最后一个元素赋给数组的第 0 个元素。

④ 递归调用 move( )函数，当循环次数 m 减至 0 时停止调用。

（2）参考代码

```
#include<stdio.h>
void move(int array[20],int m,int len);
int main( )
{
    int src[20],n,m,i;
    printf("请输入数据个数");
    scanf("%d",&n);
    printf("请输入%d 个整数: \n",n);
    for(i=0;i<n;i++)
        scanf("%d",&number[i]);
    printf("请输入需要移动的数据个数");
    scanf("%d",&m);
    move(src,m,n);
    printf("移动后的数据为:\n");
    for(i=0;i<n;i++)
        printf("%d ",src[i]);
    printf("\n");
    return 0;
}
void move(int array[20],int m, int len)
{
    int *p,array_end;
    array_end = *(array+len-1);
    for(p=array+len-1;p>array;p--)
        *p=*(p-1);
    *array=array_end;
    m--;
    if(m>0) move(array,m,len);/*递归调用，当循环次数 m 减至 0 时，停止调用*/
}
```

运行结果：

请输入数据个数：8↙
请输入 8 个整数：
12 43 65 67 8 2 7 11↙
请输入需要移动的数据个数：4↙
移动后的数据为：
8 2 7 11 12 43 65 67↙

（3）说明

方法 3 的程序是方法 2 程序的递归实现。

3．从键盘输入一个字符串，统计其中的字母、数字以及其他字符的个数。

（1）分析

定义字符数组 char s[100]用来保存输入的字符串，字符指针变量 p 指向字符数组 s 的首地址。定义一个函数 void stat(char *p, int *q1, int *q2, int *q3)，用来统计字符串中字母、数字以及其他字符的个数，函数的形参是指针变量，利用字符串指针间接访问字符串完成统计工作。

（2）参考代码

```
#include<stdio.h>
void stat(char *p, int *q1, int *q2, int *q3);
int main( )
{
    char s[100],*p=s;
    int i,j,k;
    printf("请输入一个字符串:");
    scanf("%s", p);
    stat(p,&i,&j,&k);
    printf("字母有%d个，数字有%d个，其他字符有%d个\n", i,j,k);
    return 0;
}
void stat(char *p, int *q1, int *q2, int *q3)
{
    for(*q1=0,*q2=0,*q3=0;*p!='\0';p++)
    {
        if(*p>='A' && *p<='Z' || *p>='a' && *p<='z')
            (*q1)++;
        else if(*p>='0' && *p<='9')
            (*q2)++;
        else
            (*q3)++;
    }
    return;
}
```

运行结果：

请输入一个字符串:b3d'f,4

字母有 3 个，数字有 2 个，其他字符有 2 个。

（3）思考

① 如果将上面程序中的语句(*q1)++;修改成*q1++;是否可以？

② 如果输入的字符串中有空格，程序中应该使用什么函数实现接收从键盘输入的字符串？

③ 如果要求函数 stat( )只能定义两个形参，程序该如何实现？

4．设有一整型二维数组 int a[3][4]={{1,2,3,4},{5,6,7,8},{9,10,11,12}}，要求输出该二维数组，并将数组中的最大元素及所在行列号输出。

（1）分析

访问二维数组中的元素，可以采用多种方式来实现。

方法 1：用数组名常量指针的方式实现。

任意元素 a[i][j]的地址可以表示为 a[i]+j 或*(a+i)+j，而元素值则表示为*(a[i]+j)或*(*(a+i)+j)。利用二重循环遍历二维数组的所有元素，求出数组中的最大元素及所在行列号。

方法 2：用指向二维数组元素指针变量的方式实现。

例如：

```
int *p;
int a[3][4]={{1,2,3,4},{5,6,7,8},{9,10,11,12}};
p=a[0];           /*指针p指向数组a的第0行的第0个元素*/
```

利用普通指针变量p指向二维数组的某元素，p++则指向下一个元素。利用二维数组按行顺序存储个元素的特点，依次遍历二维数组的所有元素，求出数组中的最大元素及所在行列号。

方法3：指向一维数组（二维数组的一行）指针变量的方式实现。

例如：

```
int a[3][4]={{1,2,3,4},{5,6,7,8},{9,10,11,12}};
int (*p)[4]; /*定义p为指向一个有4个元素一维数组的指针变量*/
p=a;         /*p指向数组的第0行*/
```

定义一个行指针p，p指向一个有4个元素的一维数组（行数组）。此时，若p指向数组a的第0行a[0]，即p=&a[0]（或p=a+0），则p+1不是指向数组的下一个元素a[0][1]，而是下一行a[1]。p的值以一行占用存储字节数为单位进行调整。

（2）参考代码

方法1：用数组名常量指针的方式实现。

```
#include<stdio.h>
int main( )
{
    int i,j,m=0,n=0,max;
    int a[3][4]={{1,2,3,4},{5,6,7,8},{9,10,11,12}};
    max=**a; /*第1个元素赋给max，**a等价于*(*(a+0)+0) */
    for(i=0;i<3;i++)
    {
        for(j=0;j<4;j++)
        {
            printf("%4d",*(*(a+i)+j));
            if(max<*(*(a+i)+j))
            {
                max=*(*(a+i)+j);
                m=i;n=j;
            }
        }
        printf("\n");
    }
    printf("max is:a[%d][%d]=%d\n",m,n,max);
    return 0;
}
```

方法2：用指向二维数组元素指针变量的方式实现。

```
#include<stdio.h>
int main( )
{
    int i,j,m=0,n=0,max,*p;
    int a[3][4]={{1,2,3,4},{5,6,7,8},{9,10,11,12}};
    p=a[0];             /*指针p指向数组a的第0行的第0个元素*/
    max=*p;             /*将第一个元素赋给max */
    for(i=0;i<3;i++)
    {
        for(j=0;j<4;j++)
        {
            printf("%4d",*p);
            if(max<*p)
            {
                max=*p;
```

```
                    m=i;n=j;
                }
            p++;    /*指向下一个元素*/
        }
        printf("\n");
    }
    printf("max is:a[%d][%d]=%d\n",m,n,max);
    return 0;
}
```

方法 3：指向一维数组（二维数组的一行）的指针变量的方式实现。

```
#include<stdio.h>
int main()
{
    int i,j,m=0,n=0,max;
    int a[3][4]={{1,2,3,4},{5,6,7,8},{9,10,11,12}};
    int (*p)[4];  /*定义 p 为指向一个有 4 个元素一维数组的指针变量*/
    p=a;          /*p 指向数组的第 0 行*/
    max=**p;  /*将第一个元素赋给 max，**p 相当于*(*(p+0)+0) */
    for(i=0;i<3;i++)
    {
        for(j=0;j<4;j++)
        {
            printf("%4d",*(*p+j));      // *(*p+j)等价于(*p)[j]
            if(max<*(*p+j))
            {
                max=*(*p+j);
                m=i;n=j;
            }
        }
        p++;          /*指向下一行*/
        printf("\n");
    }
    printf("max is:a[%d][%d]=%d\n",m,n,max);
    return 0;
}
```

（3）思考

方法 2 和方法 3 中 p++所在的位置不同，一个在内层循环中，一个在外层循环中，这样做有什么区别？方法 3 中 int (*p)[4]能否写成 int *p[4]，为什么？

15.3 实 验 内 容

题目 1：请使用指针编写程序，程序的功能是从键盘输入 10 个数，求其最大值和最小值的差。

题目 2：请使用指针编写程序，程序的功能是从键盘输入一个字符串，删除其中的字母 a 后输出。例如，输入字符串 abcaca，输出 bcc。

题目 3：编写程序实现功能：设有一个 4 行 4 列的二维数组 data[4][4]和两个一维数组 m[4]和 s[4]，均为整型。stat 函数统计数组 data 中每行偶数元素的个数并计算每行偶数元素之和，结果分别存入数组 m 和 s 的相应变量中。设数组 data 中存储的数据是随机的。

第 16 章

实验 9　结构体程序设计

16.1　实 验 目 的

1．掌握结构体变量的使用方法。

2．掌握结构体数组的使用方法。

3．掌握结构体指针的概念和使用方法。

16.2　典 型 案 例

1．企业职工在入职时都要建立职工的档案信息，每个职工的数据包括职工号、职工姓名、入职时间及薪金等级。入职的时间包括年、月、日。编写程序，实现输入和输出职工档案信息。

（1）分析

本题是结构体类型的嵌套使用案例。在定义嵌套的结构体类型时，必须先定义成员的结构体类型，再定义主结构体类型。定义两个函数 input( )和 output( )分别实现输入和输出职工档案信息，函数的形参可以采用结构体指针或者结构体数组来实现。

（2）参考代码

```
#include<stdio.h>
#define N 2
struct date{
    int year;
    int month;
    int day;
};
typedef struct worker
{
    char no[10];
    char name[20];
    struct date enroll_time;
    int salary;
}WORK;
void input(WORK *p);
```

```
void output(WORK worker[ ]);
int main( )
{
    WORK worker[N];
    input(worker);
    output(worker);
    return 0;
}
void input(WORK *p)
{
    int i;
    for(i=0;i<N;i++,p++)
    {
        printf("---------请输入第%d 个职工信息---------\n",i+1);
        printf("\t 职工号:");
        scanf("%s",p->no);
        printf("\t 职工姓名:");
        scanf("%s",p->name);
        printf("\t 入职年,月,日(以逗号分隔):");
        scanf("%d,%d,%d",
        &p->enroll_time.year,&p->enroll_time.month,
        &p->enroll_time.day);
        printf("\t 薪金等级:");
        scanf("%d", &p->salary);
        printf("\n");
    }
}
void output(WORK worker[ ])
{
    int i;
    for(i=0;i<N;i++)
    {
        printf("---------输出第%d 个职工信息---------\n",i+1);
        printf("\t 职工号:%s\n", worker[i].no);
        printf("\t 职工姓名:%s\n", worker[i].name);
        printf("\t 入职时间:%d-%d-%d\n", worker[i].enroll_time.year,worker[i].
            enroll_time.month, worker[i].enroll_time.day);
        printf("\t 薪金等级:%d\n", worker[i].salary);
    }
}
```

运行结果：

```
---------请输入第 1 个职工信息---------
    职工号:2014001
    职工姓名:张三
    入职年,月,日(以逗号分隔):2014,9,10
    薪金等级:19
---------请输入第 2 个职工信息---------
    职工号:2014002
    职工姓名:李四
```

```
    入职年,月,日(以逗号分隔):2014,9,8
    薪金等级:18
---------输出第 1 个职工信息---------
    职工号:2014001
    职工姓名:张三
    入职时间:2014-9-10
    薪金等级:19
---------输出第 2 个职工信息---------
    职工号:2014002
    职工姓名:李四
    入职时间:2014-9-8
    薪金等级:18
```

2. 输入 10 个学生的学号、姓名和成绩，输出学生的成绩等级和不及格人数。要求定义和调用函数 set_grade( )，根据学生成绩设置其等级，并统计不及格人数，等级设置规则为：85~100 分为 A，70~84 分为 B，60~69 分为 C，0~59 分为 D。

（1）分析

在 main( )函数中，定义一个结构数组 stu 保存学生信息，再定义一个结构体指针 ptr，将 ptr 指向数组 stu。要完成除等级外的其他学生信息的输入，可以定义函数 set_grade( )，形参为 STU 类型的指针，利用结构体指针 p 的移动（for 循环中的 p++）和操作，完成对结构体数组成员 grade 的赋值，统计不及格人数并返回。

（2）参考代码

```
#include<stdio.h>
#define N 10
typedef struct student
{
    char sno[10];
    char name[20];
    int score;
    char grade;
}STU;
int set_grade(STU *p);
int main( )
{
    STU stu[N],*ptr;
    int i,count;
    ptr=stu;
    printf("Input the student's number,name and score:\n");
    for(i=0;i<N;i++)
    {
        printf("No %d:",i+1);
        scanf("%s%s%d",stu[i].sno,stu[i].name,&stu[i].score);
    }
    count=set_grade(ptr);
    printf("The count (<60): %d\n",count);
```

```
    printf("The student grade:\n");
    for(i=0;i<N;i++)
    printf("%-8s %-8s %-4d %c\n",stu[i].sno,stu[i].name,stu[i].score,stu[i].grade);
    return 0;
}
int set_grade(STU *p)
{
    int i,n=0;
    for(i=0;i<N;i++,p++)
    {
        if(p->score>=85)
            p->grade='A';
        else if(p->score>=70)
            p->grade='B';
        else if(p->score>=60)
            p->grade='C';
        else
        {
            p->grade='D';
            n++;
        }
    }
    return n;
}
```

运行结果：

Input the student's number,name and score:

No 1:1 学生 1 85

No 2:2 学生 2 77

No 3:3 学生 3 67

No 4:4 学生 4 30

No 5:5 学生 5 45

No 6:6 学生 6 90

No 7:7 学生 7 61

No 8:8 学生 8 82

No 9:9 学生 9 32

No 10:10 学生 10 73

The count (<60): 3

The student grade:

1	学生 1	85	A
2	学生 2	77	B
3	学生 3	67	C
4	学生 4	30	D
5	学生 5	45	D
6	学生 6	90	A

7	学生7	61	C
8	学生8	82	B
9	学生9	32	D
10	学生10	73	B

16.3 实验内容

题目 1：定义一个结构体类型表示平面上的一个点的坐标，并从键盘输入两个点的坐标，输出这两点之间的距离。

题目 2：已知学生的信息包括姓名和成绩。编写程序从键盘输入 5 个学生的信息，输出其中成绩最高者的姓名和成绩。

题目 3：学校全体员工分为教师和行政人员两类。教师的数据包括编号，姓名，职业（t），职称（教授，副教授，讲师等）；行政人员的数据包括编号，姓名，职业（w），部门号（100，200，300 等）。要求输入若干人员的数据并输出他们的资料，同时统计教师和行政人员的数量。

第 17 章

实验 10　文件程序设计

17.1 实验目的

1．掌握文件的基本概念。

2．掌握文本文件的打开和关闭操作。

3．掌握文本文件的顺序读、写方法。

17.2 典型案例

1．从键盘依次输入若干个字符串，并将输入的字符串保存到指定的文件中，如果输入的字符串为#时，结束输入（#不写入文件）。写入完毕后，再从文件中依次读取所有内容显示在屏幕上。

（1）分析

本题可以使用 fgets( )函数和 fputs( )函数来读写文件中的字符串。fgets( )函数用于从指定文件中读取一个字符串，其函数原型为：

```
char * fgets(char *str,int n,FILE *fp);
```

fputs( )函数用于将字符串写入文件中，其函数原型为：

```
int fputs(char *str,FILE *fp);
```

注意：

① fgets( )函数是从文件中读入一个字符串，fgetc( )函数是从文件中读入一个字符。

② 调用 fgets( )函数时，第 1 个参数一般是存放字符串的字符数组的首地址，第 2 个参数一般是字符数组的长度。如果希望 fgets( )函数一次从文件中读取一整行的数据，该字符数组的长度要大于文件中最长行的字符个数。

③ fgets( )函数会把每行后面的换行符作为字符串的一部分也读入到字符数组中。在实际应用时并不需要把换行符作为数据，因此在用 fgets( )函数读取数据时，要注意末尾的换行符问题。

④ 如果读到文件末尾，fgets( )函数返回 NULL 值。

（2）参考代码

```
#include<stdio.h>
#include<string.h>
#define N 10
void trim(char str[ ]);
int main( )
{
    FILE *fp;
    int i=0;
    char filename[20],str[N];
    printf("请输入文件名:\n");
    gets(filename);
    fp=fopen(filename,"w+");
    if(fp==NULL)
    {
        printf("文件打开失败!\n");
        exit(0);
    }
    printf("请输入字符串内容，以#结束:\n");
    while(1)
    {
        gets(str);
        if(strcmp(str,"#")==0) break;
        fputs(str,fp);      /*将数组 str 中的内容写入文件*/
        fputc('\n',fp);      /*一个字符串内容占一行*/
    }
    printf("字符串保存在%s 文件中\n",filename);
    rewind(fp);
    printf("开始读取%s 文件信息内容:\n",filename);
    while(!feof(fp))
    {
        if(fgets(str,N,fp)==NULL) break;
        trim(str);          /*调用 trim( )函数，删除字符串 str 后的换行符*/
        printf("第%d 次调用 str 中的内容：%s\n",++i,str);
    }
    fclose(fp);
    return 0;
}

/*函数功能：将字符串 str 中的第一个换行符以及其后的内容删除*/
void trim(char str[ ])
{
    int i = 0;
    while(str[i]!='\0') {
        /*如果 str[i]是换行符，则将字符串结束符赋给 str[i]*/
        if(str[i]=='\n')
        {
            str[i]='\0';
            break;
        }
        i++;
    }
    return;
}
```

（3）思考

当输入的字符串长度超过 N 时，在读取字符串的内容时会出现什么问题？

2．高校教职工分为教师和行政人员，他们的信息都包含有姓名和薪水，如果是教师，则还包含职称信息，从键盘输入 5 个教职工信息并保存到指定文件中。保存完毕后，从文件中读取所有教职工信息并显示在屏幕上，要求文件名从键盘输入，教职工信息格式如表 17-1 所示。

表 17-1　　教职工信息

姓　名	薪　水	职　业	职　称
张　三	4000	t	讲师
李　四	6000	t	教授
王　敏	4300	w	
赵　娜	3000	t	助教
陈　勇	4500	w	

（1）分析

本题要用到格式化读写文件函数 fscanf( )函数和 fprintf( )函数，当从键盘中输入教职工姓名、薪水和职业后，应根据职业信息来判断是否需要输入职称信息。如果是教师（t），则需要从键盘输入职称信息，并将职称信息保存在文件中；如果是行政人员（w），则无需保存职称信息。当从文件中读取教职工信息时，同样需要根据职业信息来判断是否需要读入职称信息。在使用 fscanf( )函数和 fprintf( )函数时，应注意格式控制字符串的书写方式。

（2）参考代码

```
#include <stdio.h>
#include <stdlib.h>
#define N 5
typedef struct worker
{
    char name[20];
    float wage;
    char job;
    char level[20];
}WORK ;
int main( )
{
    FILE *fp;
    char filename[20];
    WORK ws;    /*定义结构体变量*/
    int i,n;
    printf("请输入文件名:\n");
    gets(filename);
    if((fp=fopen(filename,"w+"))==NULL)         /*打开文件为读写方式*/
    {
        printf("文件读取失败\n");
        exit(0);
    }
    printf("请输入%d 个职工的信息:\n",N);
    for(i=0;i<N;i++)
    {
```

```
            printf("请输入第%d 个职工的姓名:",i+1);
            scanf("%s",ws.name);
            printf("请输入第%d 个职工的工资:",i+1);
            scanf("%f",&ws.wage);
            printf("请输入第%d 个职工的职业:",i+1);
            scanf(" %c",&ws.job);
            if(ws.job=='t')
            {
                printf("请输入第%d 个职工的职称:",i+1);
                scanf("%s",ws.level);
            }
            fprintf(fp,"%s %.2f%c",ws.name,ws.wage,ws.job);   /*写文件*/
            if(ws.job=='t') fprintf(fp,"%-10s",ws.level);
            printf("\n");
        }
        printf("职工信息成功保存在%s 文件中\n",filename);
        printf("下面开始从文件%s 中读取内容:\n",filename);
        printf("姓名\t 工资\t 职业\t 职称\n");
        i=0;     /*变量初始化为 0*/
        rewind(fp);  /*文件位置指针定位到文件首部*/
        while(!feof(fp))
        {
            n=fscanf(fp,"%s%f%c",ws.name,&ws.wage,&ws.job);
                                          /*按格式读取*/
            if(n<3) break;  /*如果读入数据个数小于 3，结束循环*/
            printf("%-10s%-8.2f%-5c",ws.name,ws.wage,ws.job);
            if(ws.job=='t')
            {
                fscanf(fp,"%s",ws.level);
                printf("%-10s",ws.level);
            }
            printf("\n");
        }
        fclose(fp);
        return 0;
    }
```

3．已知职工工资信息包括职工姓名和工资，从键盘输入 5 个职工的信息，将其保存到一个文件中，每个职工的信息占一行。保存完毕后，从文件读取所有职工工资信息并显示在屏幕上，要求文件名从键盘输入。

（1）分析

● 本题涉及到文件读写方式的使用，可以使用多种方法来实现。

●方法 1：使用按格式读写文件的方式实现。

格式化读写文件要使用到 fscanf( )函数和 fprintf( )函数，这两个函数多用来读写文本文件。

注意：

在循环读取数据时，应对 fscanf( )函数的返回值进行判断，如果该函数的返回值小于格式字符串中规定的数据个数（本例程序中是 2），表示读取失败，则结束循环。

方法 2：使用按数据块读写文件的方式实现。

数据块读写文件要使用到 fread( )函数和 fwrite( )函数，这两个函数多用来读写二进制文件。fwrite( )函数的功能是将 buffer 指向的内存中的数据块写入 fp 所指向的文件。fwrite( )函数往文件中写入数据时，是将变量 w 的内容按照其在内存的存储形式写入文件的，所产生的文件是二进制文件。如果使用记事本打开二进制文件，会显示“乱码”。

> **注意：**
> 在循环体读取数据时，应对 fread( )函数的返回值进行判断，如果该函数的返回值小于 1，表示读取失败，则结束循环。

（2）参考代码

方法 1：使用按格式读写文件的方式实现。

```
#include <stdio.h>
#include <stdlib.h>
#define N 5
typedef struct work
{
    char name[20];
    float wage;
}WORK ;
int main( )
{
    FILE *fp;
    char filename[20];
    WORK ws[N];    /*定义结构体变量*/
    int i,n;
    printf("请输入文件名:\n");
    gets(filename);
    if((fp=fopen(filename,"w+"))==NULL)/*用读写方式打开文件*/
    {
        printf("文件读取失败\n");
        exit(0);
    }
    printf("请输入%d 个职工的信息:\n",N);
    for(i=0;i<N;i++)
    {
        scanf("%s%f",ws[i].name,&ws[i].wage);/*从键盘输入职工信息*/
        fprintf(fp,"%-10s%-8.2f\n",ws[i].name,ws[i].wage);/*写文件*/
    }
    printf("职工信息成功保存在%s 文件中\n",filename);
    printf("下面开始从文件%s 中读取内容:\n",filename);
    printf("姓名\t 工资\n");
    i=0;       /*变量初始化为 0*/
    rewind(fp);  /*文件位置指针定位到文件首部*/
    while(!feof(fp))
    {
        n=fscanf(fp,"%s%f",ws[i].name,&ws[i].wage);  /*按格式读取*/
        if(n<2) break;  /*如果读入数据个数小于 2，结束循环*/
        printf("%-10s%-8.2f\n",ws[i].name,ws[i].wage);
    }
    fclose(fp);
    return 0;
```

```
}
方法 2：使用按数据块读写文件的方式。
#include <stdio.h>
#include <stdlib.h>
#define N 5
typedef struct work
{
    char name[20];
    float wage;
}WORK ;
int main( )
{
    FILE *fp;
    char filename[20];
    WORK ws[N];     /*定义结构体变量*/
    int i,n;
    printf("请输入文件名:\n");
    gets(filename);
    if((fp=fopen(filename,"wb+"))==NULL)/*用二进制读写方式打开文件*/
    {
        printf("文件读取失败\n");
        exit(0);
    }
    printf("请输入%d 个职工的信息:\n",N);
    for(i=0;i<N;i++)
        scanf("%s%f",ws[i].name,&ws[i].wage);
    fwrite(ws,sizeof(WORK),N,fp);/*一次性将把 ws 的所有内容写入文件*/
    printf("职工信息成功保存在%s 文件中\n",filename);
    printf("下面开始从文件%s 中读取内容:\n",filename);
    printf("姓名\t 工资\n");
    i=0;            /*将变量初始化为 0*/
    rewind(fp);   /*将文件位置指针定位到文件首部*/
    while(!feof(fp))
    {
        n=fread(&ws[i],sizeof(WORK),1,fp);   /*按数据块读取数据*/
        if(n<1)  break;    /*如果读入的块数小于 1，结束循环*/
        printf("%-10s%-8.2f\n",ws[i].name,ws[i].wage);
    }
    fclose(fp);
    return 0;
}
```

（3）思考

在方法 1 中，如果没有对 fscanf( )函数的返回值进行判断，程序会出现什么问题，为什么？在方法 2 中，如果没有对 fread( )函数的返回值进行判断，程序会出现什么问题，为什么？

17.3 实验内容

题目 1：已知在 C 盘根目录下有一个文件保存了许多数据，其格式如图 17-1（a）所示。编写程序，从键盘输入该文件的路径和名称，读取文件的数据，以每行 5 个的形式显示在屏幕上。并求出其平均值，输出内容如图 17-1（b）所示。

```
1 9 0 –2 33 88 101 12
44 99 23 78 43
100 3 2 1 22 8
2 4 6 9
```

(a)

```
1    9    0    –2   33
88   101  12   44   99
23   78   43   100  3
2    1    22   8    2
4    6    9
平均值为：29.83
```

(b)

图 17-1 文件数据及输出示意图

题目 2：编写程序，从键盘输入一个文件的名称，将 1～1000 的素数保存在该文件中。要求：定义一个函数 isPrime(int n),该函数的功能是判断 n 是否是素数。

题目 3：请编写一个学生信息管理系统。学生信息内容包括学生姓名和成绩，显示如下菜单，根据输入的选择执行相应的操作，每个操作都用函数实现。

```
****************************************
1．输入信息
2．显示信息
3．读入文件
4．查找
5．保存
0．退出
****************************************
```

程序执行情况如下。

输入 1，通过键盘循环输入学生基本信息。

输入 2，显示所有学生基本信息。

输入 3，从指定文本文件中读入所有学生信息内容。

输入 4，通过键盘输入学生姓名，如果学生存在，则输出该名学生成绩；如果不存在，则显示“没有找到此学生的成绩!”。

输入 5，将所有学生信息内容保存到指定文件中。

输入 0，退出学生信息管理系统。

第三部分

实训指导

一般来说，程序设计应当经过几个步骤，包括分析问题、设计算法并对算法进行描述、编写程序、程序调试与测试等。

分析问题是指对要处理的问题进行分析，分析其涉及的各种概念、数据特点；明确该程序有什么要求，需要实现什么功能等。分析问题是编写程序的基础；设计算法是在对问题进行详细、深入的分析基础上，确定具体的解决方法，并使用合适的描述工具对“怎么做”的过程进行描述。算法设计是指导程序编写的关键。

在编写代码时，需要注意程序设计的风格。对于大型软件的开发，往往需要多人的配合才能编写出程序。因此人与人之间的配合、沟通、理解是不可缺少的，而阅读程序将是实现这些目的的主要途径，因此良好的程序设计风格能够使程序具有良好的可读性。为此，编写代码时应注意以下几点。

（1）应该使用见名知义的标识符对程序中的函数、数组、变量等进行命名。

（2）应该对程序中每一个模块的主要功能、参数、变量和主要语句段进行必要的说明、注释。

（3）应该采用缩进形式，以便突出程序的层次结构。

（4）语句结构要清晰，每条语句应该尽可能简单、直接，不要为了提高效率而使得程序过分复杂。

（5）表达式的书写要符合人们的习惯。

程序设计的过程始终伴随着高复杂性、高综合性、高技术性和高智能性。因此，任何一个程序员都很难保证在程序设计的各个环节不会出现任何错误，包括对原始问题的理解、算法的设计，程序的编写和源代码的输入等。只要在任何一个环节上出现了点滴错误，就会影响程序的正确运行。程序中的错误主要包含 3 个类别：一是语法错误，二是运行错误，三是逻辑错误。调试程序就是找出程序中存在的各种错误并将其改正的过程，它在整个程序设计过程中十分重要。

语法错误是指在程序的源代码中存在着不合程序设计语言语法规则的现象。如果存在这类错误，程序将不会通过编译，因而也无法运行。排除这类错误的主要方法是充分利用编译程序提供的错误提示，首先确定错误的位置和错误类别，然后给与纠正。

运行错误是指程序在运行期间出现的各类错误。例如，用一个数值除以 0、引用无效指针、死循环等。这些错误需要通过测试才能发现，一旦发现，现象比较明显，错误类别也比较容易断定，但出现错误的位置有可能不太容易确定。

逻辑错误是最隐蔽、最难定位和最不易排除的一类错误，它有时会导致程序非正常结束，有时会使得程序最终结果不正确。造成这类错误的主要原因往往是算法设计存在着逻辑性问题。

排查运行错误和逻辑错误的主要方法是利用开发环境提供的调试工具对程序进行跟踪。

系统测试的目的是检验所设计的系统是否满足需求，是否存在一些错误，它也是程序开发的重要步骤。测试的目的是用最小的代价发现尽可能多的错误，要按照规范的测试步骤、利用精心设计的测试用例（测试数据）运行程序，以便发现更多错误的过程。系统测试的一般方法有黑盒测试和白盒测试。黑盒测试是把程序看成一个“黑盒子”，而不考虑程序的内部结构和处理过程。黑盒测试是对程序的各个功能模块（例如，函数）进行测试，它只检查功能模块是否满足功能要求，是否能够正确地接收输入数据并正确地输出结果。白盒测试就是通过选择适当的测试数据，检验程序是否可以按照预定的逻辑线路正确地工作。

第 18 章

综合案例——通讯录管理程序

18.1 问题定义

设计一个通讯录管理系统，可以添加通讯录信息、删除通讯录信息、查询通讯录信息。具体要求如下。

（1）增加通讯录。

（2）修改通讯录。

（3）删除通讯录。

（4）根据各定条件查询记录。

（5）将通讯录信息写入文件。

（6）从文件中读取通讯录信息。

18.2 系统分析

通讯录管理程序主要是通过计算机实现对通讯录的管理。在一般的通讯录中，通讯录信息包括姓名、电话号码两个数据项。计算机要能根据用户的选择，完成对通讯录的管理操作。例如，当用户增加通讯录信息时，能提供相应的界面，使用户将通讯录信息输入到计算机中；当用户需要查询某个人的电话时，能提供相应的界面，使用户可以输入姓名，并在屏幕上输出该姓名对应的电话。输入的通讯录信息可以导出到一个文本文件中，也可以将通讯录信息先按照一定格式录入到一个文本文件中，输入该文件的文件名后再将其中的通讯录信息导入到程序中。

还有一些其他应注意的问题，具体如下。

（1）在一个通讯录中不会存在两条姓名、电话完全相同的信息，因此在录入通讯录信息时，如果通讯录中已经存在一条姓名、电话完全相同的信息，则不能增加通讯录信息。

（2）为了防止用户的误操作，在删除一个通讯录信息时需要“询问”用户是否确认删除，只有在用户确认后才能执行删除操作。

（3）程序执行各个操作时，可能会成功，也可能由于某些原因导致操作失败，因此在每个操作完成后，需要将操作结果提示给用户。

（4）通讯录中的姓名不超过4个中文，电话不超过12个字符。

18.3　系统设计

（1）功能模块划分设计

在对问题分析的基础上，从计算机的角度对程序功能进行整理、归类，画出功能模块结构图，确定其中的每个模块要实现的功能。本例的功能模块图如图18-1所示。

本例各功能模块的具体功能如下。

- 菜单显示模块：在屏幕上显示程序提供的“主菜单”。
- 添加通讯录模块：接收用户从键盘上输入的通讯录信息。如果该通讯录信息在程序中不存在，则将其保存到程序中。
- 修改通讯录模块：接收用户从键盘上输入的姓名，判断该姓名是否存在；如果存在，提示用户输入新的电话，并将原来的电话覆盖，保存到程序中。
- 删除通讯录模块：接收用户从键盘上输入的姓名，判断该姓名是否存在；如果存在，询问是否确认删除；如果确认，则将通讯录信息从程序中删除。
- 查询通讯录模块：接收用户从键盘输入的姓名，在程序中查找是否存在该姓名的通讯录。如果存在，显示在屏幕上。
- 导入通讯录信息模块：接收从键盘输入的文件名，读取该文件中的通讯录信息。如果该通讯录信息在程序中不存在，则将其增加到程序中。导入的通讯录的文本文件的格式为：每个通讯录占一行，姓名和电话使用空格分隔，并且一个姓名内不能出现空格。
- 导出通讯录信息模块：接收从键盘输入的文件名，将程序中的所有通讯录信息全部保存到该文件。

（2）功能模块界面设计

界面设计的任务是设计出提供给用户的主界面以及每个功能的操作界面。简单起见，本系统是基于控制台的程序，采用字符界面，显示操作菜单供用户选择，系统主界面如图18-2所示。

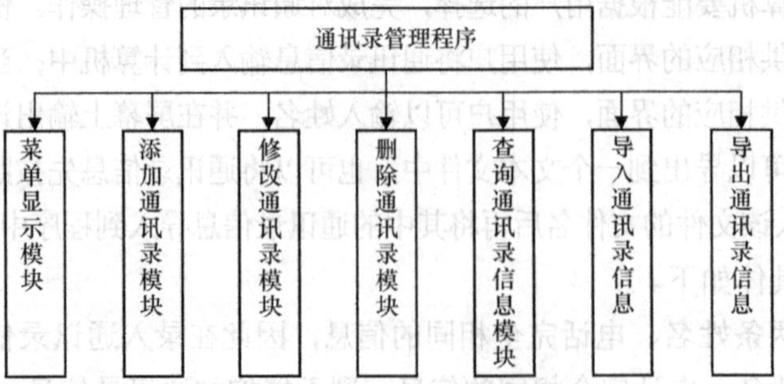

图18-1　系统功能模块

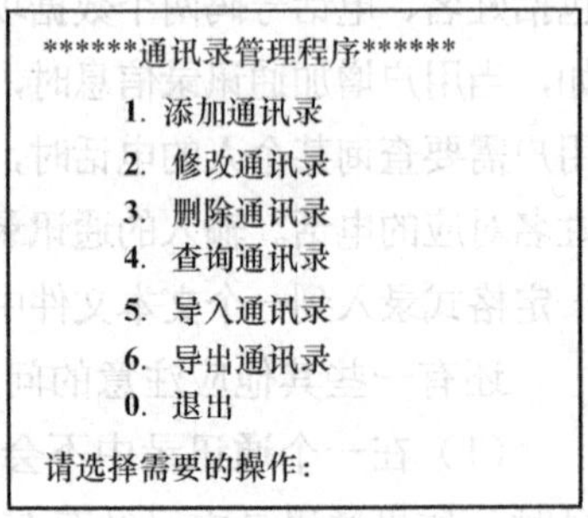

图18-2　系统主界面图

（3）流程设计

系统流程设计就是根据系统功能模块，分析各个模块之间的操作流程，画出系统的流程图。本例系统流程图如图18-3所示。

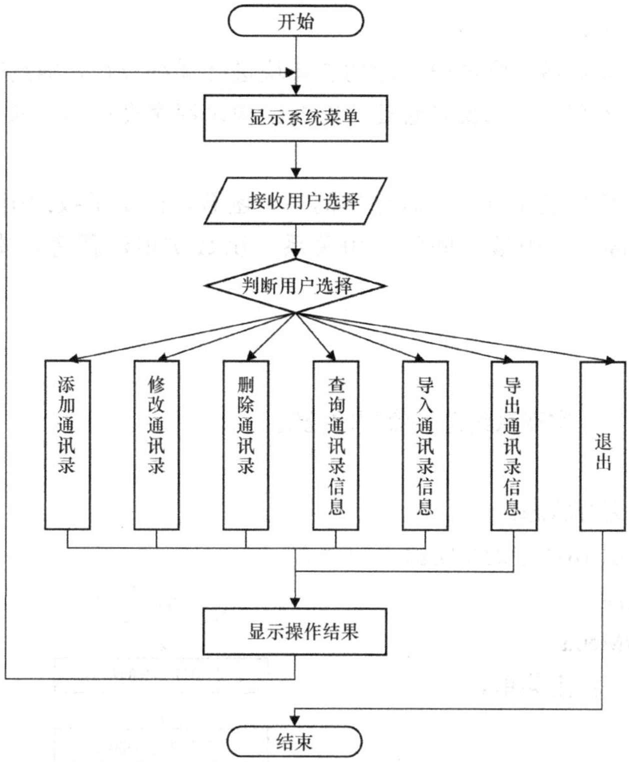

图 18-3　系统流程图

（4）数据结构设计

数据结构设计的任务是确定在程序中采用什么样的形式保存数据。本例中的每个通讯录信息是一个整体，可以采用结构体类型表示通讯录信息。程序中需要对通讯录信息经常进行添加、删除，因此采用带头结点的链表结构保存多个通讯录信息。其数据之间的逻辑结构如图 18-4 所示。

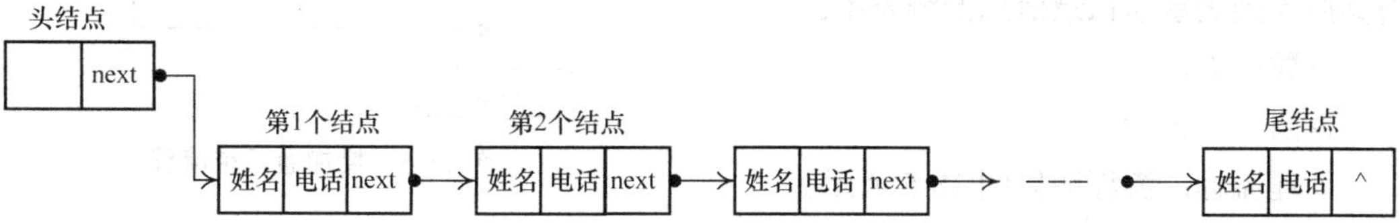

图 18-4　数据结构图

因此，程序中表示链表的结构体类型应有 3 个成员：姓名（字符串）、电话（字符串）、next 指针域（用于保存下一个数据的地址）。它的结点类型定义如下。

```
typedef struct friend
{
    char name[12];
    char phone[21];
    struct friend* next;
} FRD;
```

（5）函数规划与设计

在完成前面的设计后，要对程序的功能模块进行详细设计，确定完成每个模块的函数以及函数的处理流程等。如果有必要，根据结构化程序设计的方法，还可以对模块进行进一步的划分。

本阶段的主要任务就是规划出程序中的各个函数，确定函数的函数名、函数功能，函数的输入/输出接口、函数之间的调用关系、函数实现流程等。本例中的函数设计如下。

① 主函数

函数名：main。

功能：程序入口，实现系统总体流程的控制。

参数：无。

返回值：程序运行状态。

处理流程：如图 18-3 中的系统流程图所示。

② 显示菜单函数

函数名：showMenu。

功能：显示程序的主菜单。

参数：无。

返回值：无

处理流程：调用 printf( )函数，在屏幕上按照设计的格式，输出程序的主菜单。

③ 添加通讯录函数

函数名：addFriend。

功能：接收用户从键盘输入的通讯录信息，包括姓名、电话。创建通讯录信息结点，将其插入到表示通讯录信息的链表中。

参数：无。

返回值：无

处理流程：流程图如图 18-5 所示。

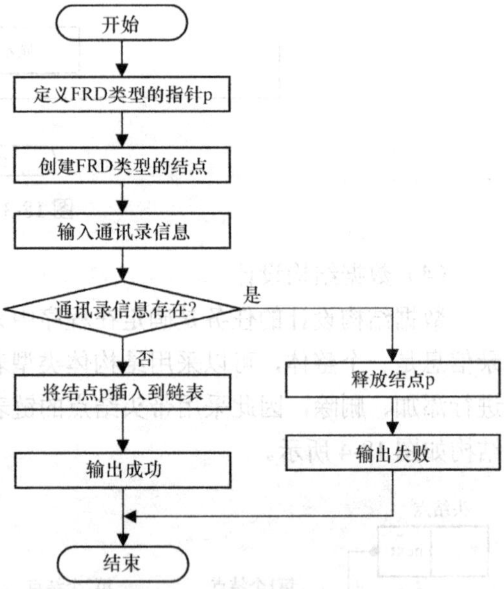

图 18-5　增加通讯录流程

说明：

判断通讯录信息是否存在，通过调用 existNode( )函数实现，对函数的返回值进行判断；将结点 p 插入到链表中，通过调用 insertBack( )函数实现。

④ 修改通讯录函数

函数名：mdyFriend。

功能：接收用户从键盘输入的姓名，查找该姓名对应的通讯录信息结点。如果存在，输入新的通讯录信息，包括姓名、电话。判断所输入的通讯录信息是否在链表中存在，如果不存在，则将新的通讯录信息赋值给所查询到的通讯录信息结点，否则输出失败。

参数：无。

返回值：无。

处理流程：流程图如图 18-6 所示。

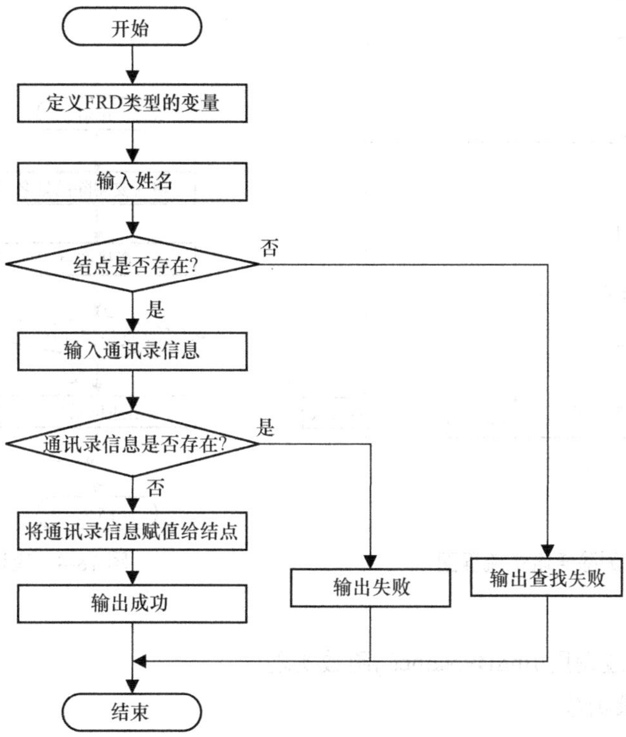

图 18-6 修改通讯录流程图

说明：

判断结点是否存在可通过调用 findByName( )函数实现；判断通讯录信息是否存在可通过调用 existNode( )函数实现。

⑤ 删除通讯录函数

函数名：delFriend。

功能：接收用户从键盘输入的姓名，查找该姓名对应的通讯录信息结点。如果存在，提示是否确认删除，如果确认删除，则将该结点从链表中删除。

参数：无。

返回值：无

处理流程：流程图如图 18-7 所示。

⑥ 查询通讯录函数

函数名：queryFriend。

功能：接收从键盘输入的姓名，在链表中查询该姓名的结点，如果存在，输出通讯录信息。

返回值：无。

处理流程：流程图如图 18-8 所示。

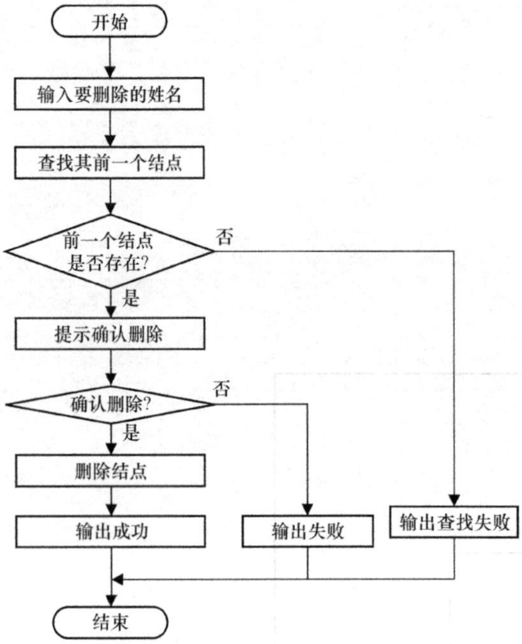

图 18-7　删除通讯录流程图

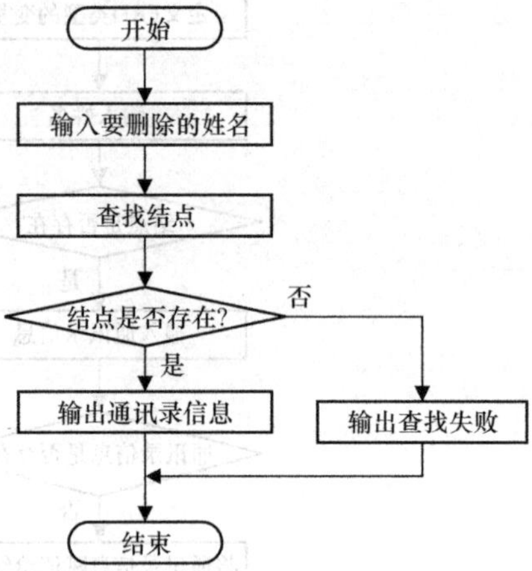

图 18-8　查询通讯录流程图

说明：

查找结点可通过调用 findByName( )函数实现。

⑦ 导入通讯录函数

函数名：inputFriend。

功能：接收从键盘输入的文件名，逐个读取文件中的通讯录信息，如果通讯录信息在链表中不存在，则将通讯录信息插入到链表中。

参数：无。

返回值：无。

处理流程：流程图如图 18-9 所示。

⑧ 导出通讯录函数

函数名：outputFriend。

功能：接收从键盘输入的文件名，将链表中各个结点中的通讯录信息，按照一定格式保存到该文件中。

参数：无。

返回值：无。

处理流程：流程图如图 18-10 所示。

⑨ 插法插入结点函数

函数名：insertBack。

功能：将参数表示的通讯录信息结点，使用尾插法插入到链表中。

参数：表示通讯录信息的结点。

返回值：无。

处理流程：略。

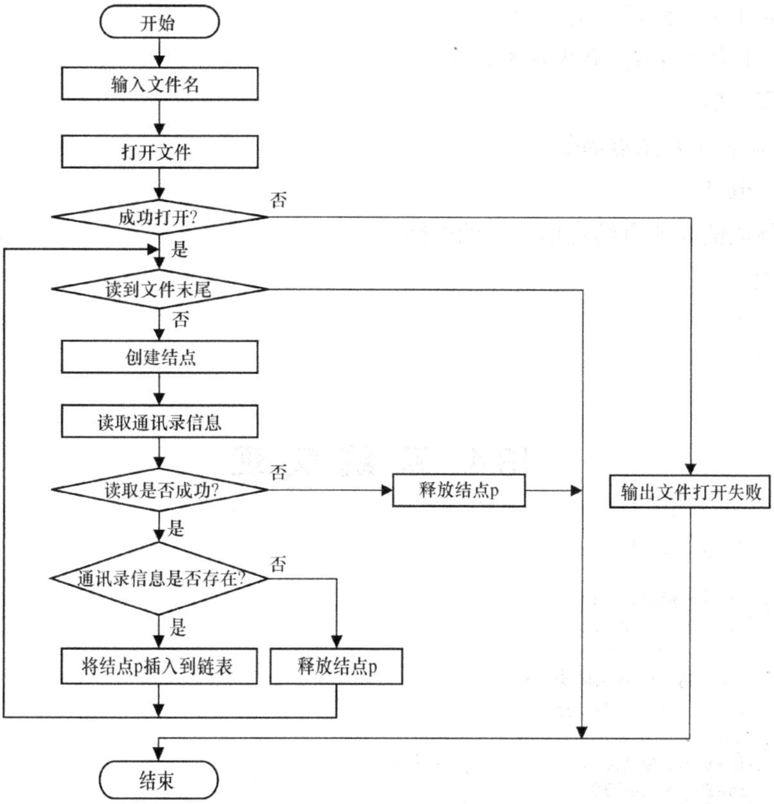

图 18-9　导入通讯录流程图

⑩ 找尾结点函数

函数名：findBack。

功能：查找链表的尾结点。

参数：无。

返回值：返回链表尾结点的指针。

处理流程：略。

⑪ 据姓名查找结点函数

函数名：findByName。

功能：查找链表中姓名为对应参数的结点。

参数：表示姓名的字符串。

返回值：返回链表中姓名为对应参数的结点的指针。

处理流程：略。

⑫ 判断结点是否存在函数

函数名：existNode。

功能：判断参数表示的通讯录信息结点

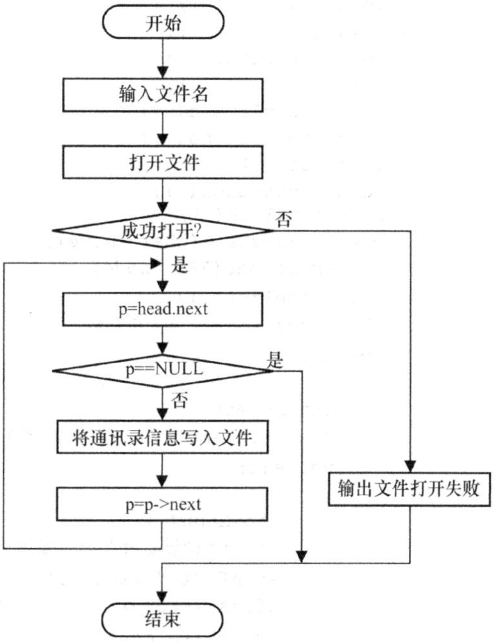

图 18-10　导出通讯录流程图

是否在链表中已经存在。

参数：表示通讯录信息的结点。

返回值：1 表示存在，0 表示不存在

处理流程：略。

⑬ 释放链表所有结点函数

函数名：freeList。

功能：释放链表所有结点所占用的空间。

参数：无

返回值：无

处理流程：略。

18.4 系统实现

本案例的参考代码如下。

```
#include <stdio.h>
#include <string.h>
#include <stdlib.h>
/*定义表示结点的结构体类型*/
typedef struct friend
{
    char name[12];
    char phone[30];
    struct friend* next;
}FRD;
void showMenu( );
void addFriend( );
void mdyFriend( );
void delFriend( );
void queryFriend( );
void inputFriend( );
void outputFriend( );
void insertBack( );
FRD* findBack( );
FRD* findByName(char *name);
int existNode(FRD *node);
void freeList( );
FRD head;          /*头结点*/
int main( )
{
    int select;
    head.next=NULL;    /*将头结点的 next 置为 NULL*/
    while(1)
    {
        showMenu( );
        printf("请选择需要的操作:\n");
        scanf("%d",&select);
        fflush(stdin);          /*清除键盘缓冲区*/
        switch(select)          /*根据用户选择调用相应函数完成操作*/
        {
```

```
            case 1:addFriend( );break;
            case 2:mdyFriend( );break;
            case 3:delFriend( );break;
            case 4:queryFriend( );break;
            case 5:inputFriend( );break;
            case 6:outputFriend( );break;
            case 0:freeList( );exit(0);
            }
            system("pause");
    }
    return 0;
}
/*
函数功能：显示主菜单
*/
void showMenu( )
{
    system("cls");
    printf("******通讯录管理程序******\n");
    printf("\t 1.添加通讯录\n");
    printf("\t 2.修改通讯录\n");
    printf("\t 3.删除通讯录\n");
    printf("\t 4.查询通讯录\n");
    printf("\t 5.导入通讯录\n");
    printf("\t 6.导出通讯录\n");
    printf("\t 0.退出\n");
    return;
}
/*
函数功能：用头插法在链表中插入条通讯录信息。
*/
void addFriend( )
{
    FRD *p;
    p=(FRD *)malloc(sizeof(FRD));          /*新建结点*/
    if(p==NULL)
    {
        printf("动态内存分配失败!\n");
        return;
    }
    printf("请输入姓名和电话:\n");
    scanf("%s%s",p->name,p->phone);          /*输入数据*/
    if(existNode(p))
    {
        printf("存在相同的通讯录信息！\n");
        free(p);
    }
    else
    {
        insertBack(p);
        printf("添加成功！\n");
    }
    return;
}
/*
函数功能：根据姓名修改通讯录信息。
*/
```

```
void mdyFriend( )
{
    FRD *p,temp;       /*temp 暂时存放通讯录信息*/
    printf("请输入需要修改的姓名: \n");
    gets(temp.name);
    p=findByName(temp.name);  /*查找 no 对应的结点地址*/
    if(p==NULL)  /*如果没有找到*/
    {
        printf("没有找到该通讯录\n");
        return;
    }
    printf("请输入修改后的姓名和电话:\n");
    scanf("%s%s",temp.name,temp.phone);
    if(existNode(&temp))
        printf("修改失败, 存在相同的通讯录");
    else
    {
        strcpy(p->name,temp.name);          /*覆盖*/
        strcpy(p->phone,temp.phone);
        printf("修改成功! \n");
    }
    return;
}
/*
函数功能: 根据姓名删除通讯录信息。
*/
void delFriend( )
{
    FRD *p,*pre;
    char name[20],select;
    printf("请输入要删除的姓名: \n");
    gets(name);
    pre=&head;          /*pre 指向头结点*/
    p=head.next;        /*p 指向第一个结点*/
    while(p!=NULL)
    {
        if(strcmp(p->name,name)==0) break;
        pre=pre->next;  /*p、pre 指向下一个结点, pre 在 p 之前*/
        p=p->next;
    }
    if(p!=NULL)     /*如果找到*/
    {
        printf("该学生的姓名和成绩为:\n");
        printf("%s%s\n",p->name,p->phone);
        fflush(stdin);
        printf("是否确认删除(Y/N)? ");
        select=getchar( );
        if(select=='Y'||select=='y')
        {
            pre->next=p->next;          /*将 p 所指向的结点从链表中删除*/
            free(p);
            printf("删除成功! \n");
            return;
        }
        else
        {
            printf("删除取消! ");
```

```
                return;
            }
    }
    else
    {
        printf("删除失败! \n");
        return;
    }
}
/*
函数功能：根据姓名查找存放通讯录信息结点的地址。
入口参数：name 为姓名。
返回值：若找到，返回存放通讯录信息结点的地址，否则返回 NULL。
*/
FRD* findByName(char *name)
{
    FRD *p;
    p=head.next;        /*p 指向第一个结点*/
    while(p!=NULL)
    {
        if(strcmp(p->name,name)==0)  break;
        p=p->next;    /*p 指向下一个结点*/
    }
    return p;
}
/*
函数功能：查找尾结点的地址。
返回值：存放尾结点信息的地址。
*/
FRD* findBack( )
{
    FRD *p;
    p=&head;        /*p 指向第一个结点*/
    while(p->next!=NULL)     /*当 p 不为 NULL*/
    {
        p=p->next;    /*p 指向下一个结点*/
    }
    return p;
}
/*
函数功能：判断参数表示的通讯录信息结点是否在链表中已经存在。
入口参数：node 表示通讯录信息的结点。
返回值：若找到返回存 1，否则返回 0。
*/
int existNode(FRD *node)
{
    FRD *p;
    p=head.next;        /*p 指向第一个结点*/
    while(p!=NULL)     /*当 p 不为 NULL*/
    {
        if(strcmp(p->name,node->name)==0&&
            strcmp(p->phone,node->phone)==0)  return 1;
        p=p->next;    /*p 指向下一个结点*/
    }
    return 0;
}
/*
```

```
函数功能：使用尾插法在链表后面插入一个结点
入口参数：p 为待插入的结点地址。
*/
void insertBack(FRD *p)
{
   FRD *tail;
   tail=findBack( );
   tail->next=p;
   p->next=NULL;
   return;
}
/*
函数功能：从键盘输入姓名，查询其电话信息。
*/
void queryFriend( )
{
   FRD *p;
   char name[20];
   printf("请输入需要查询的姓名：\n");
   gets(name);
   p=findByName(name);  /*查找*/
   if(p==NULL)
       printf("通讯录不存在！\n");
   else
   {
       printf("姓名：%s\n",p->name);
       printf("电话：%s\n",p->phone);
   }
}
/*
函数功能：从键盘输入文件名，将文件中的通讯录信息导入到链表中。
void inputFriend( )
{
   FILE *fp;
   FRD *p;
   int count;
   char filename[20];
   printf("请输入文件名:");
   gets(filename);
   fp=fopen(filename,"r");
   if(fp==NULL)
   {
       printf("文件打开失败！\n");
       return;
   }
   while(!feof(fp))
   {
       p=(FRD*)malloc(sizeof(FRD));
       count=fscanf(fp,"%s%s",p->name,p->phone);
       if(count<2)
       {
           free(p);
           break;
       }
       if(existNode(p))
       {
           printf("%s,%s 存在相同通讯录\n",p->name,p->phone);
           free(p);
```

```
        }
        else
        {
            insertBack(p);
            printf("%s,%s 导入成功\n",p->name,p->phone);
        }
    }
    fclose(fp);
    printf("导入成功! \n");
    return;
}
/*
函功能: 从键盘输入文件名，将通讯录信息导入到文件中。
*/
void outputFriend( )
{
    FILE *fp;
    FRD *p;
    char filename[20];
    printf("请输入文件名:");
    gets(filename);
    fp=fopen(filename,"w");
    if(fp==NULL)
    {
        printf("文件打开失败!\n");
        return;
    }
    p=head.next;/*p 指向第一个结点*/
    while(p!=NULL)
    {
        fprintf(fp,"%10s%10s\n",p->name,p->phone);
        p=p->next;
    }
    printf("导出成功! \n");
    fclose(fp);
    return;
}
/*
函数功能: 释放链表中所有存放通讯录信息的结点。
*/
void freeList( )
{
    FRD *p;
    p=head.next;              /*p 指向第一个结点*/
    while(p!=NULL)            /*如果 p 不为 NULL*/
    {
        head.next=p->next;        /*保存 p 的下一个结点的地址*/
        free(p);                  /*释放 p 指向的存储单元*/
        p=head.next;              /*将 p 指向下一个结点*/
    }
    return;
}
```

第 19 章

实训进阶——基于 Windows 的应用程序开发

在第 18 章中介绍的综合案例的程序是基于控制台的，这种程序的界面是字符界面，使用不太方便。现在大所数程序是基于 Windows 系统的。本节主要介绍如何使用 C 语言开发基于 Windows 的应用程序。

19.1 初步认识 Windows 应用程序

1．带有窗口的基本 Windows 程序

下面通过一个带有窗口的 Windows 程序来认识 Windows 应用程序的基本结构和特点。

【例 19-1】编写一个带有窗口的 Windows 应用程序。

程序代码如下：

```
#include <windows.h>
LRESULT WINAPI WinProc(HWND hWnd,UINT Msg,WPARAM wParam,LPARAM lParam);//函数声明
//主函数
int WINAPI WinMain(HINSTANCE hInstance,HINSTANCE hPrevInstance,LPSTRlpCmdLine,
int nShowCmd)
{
    char *cName = "myWindow"; //字符指针 cName 表示个窗口类的名称
    char *cTitle="窗口标题";  //字符指针 cTitle 表示窗口标题
    WNDCLASS wc;              //变量 mc 表示窗口类
    HWND hWnd;                //变量 hWnd 表示窗口
    MSG Msg;                  //变量 Msg 表示消息
    wc.cbClsExtra = 0;
    wc.cbWndExtra = 0;
    wc.hbrBackground =(HBRUSH)GetStockObject(WHITE_BRUSH);   //设置背景
    wc.hCursor = NULL;        //窗口的光标不设置
    wc.hIcon = NULL;          //窗口图标设置
    wc.hInstance = hInstance; //设置当前程序实例的句柄
    wc.lpfnWndProc = WinProc; //设置窗口函数
    wc.lpszClassName =cName;  //窗口类的名字
    wc.lpszMenuName = NULL;   //目录名，不设置
```

```
    wc.style = CS_HREDRAW|CS_VREDRAW;   //窗口类的风格
    RegisterClass(&wc);                 //在系统中注册窗口
    hWnd = CreateWindow(                //创建窗口
                cName,                  //窗口类名
                cTitle,                 //窗口标题
                WS_OVERLAPPEDWINDOW,    //窗口的风格
                20,                     //窗口显示在屏幕上的 x 坐标
                30,                     //窗口显示在屏幕上的 y 坐标
                400,                    //窗口显示的宽度:
                300,                    //窗口显示的高度:
                NULL,                   //父窗口
                NULL,                   //子菜单
                hInstance,              //程序实例句柄
                NULL
         ) ;
    ShowWindow(hWnd,nShowCmd);          //显示窗口
    UpdateWindow(hWnd);                 //更新窗口
    while(GetMessage(&Msg,NULL,0,0))    //对消息的循环处理
    {
        TranslateMessage(&Msg);         //翻译消息
        DispatchMessage(&Msg);          //分派消息
    }
    return Msg.message;
}
//窗口函数
LRESULT WINAPI WinProc(HWND hWnd,UINT Msg,WPARAM wParam,LPARAM lParam)
{
    switch(Msg)                         //对消息进行判断
    {
    case WM_DESTROY:                    //如果是单击关闭窗口时的消息
         PostQuitMessage(0);            //退出消息队列
         return 0;                      //返回 0，结束函数
    }
    //如果是其他的消息，调用默认消息处理函数，并将返回值返回
    return DefWindowProc(hWnd,Msg,wParam,lParam);
}
```

2．带有窗口 Windows 程序的执行过程

上面程序的运行后，运行效果如图 19-1 所示。

该程序的执行过程如下。

（1）WinMain( )函数是程序的主函数，程序运行时，从该函数开始执行。

（2）WNDCLASS 类型的变量 wc，表示一个窗口类（WNDCLASS 是 Windows 系统中已定义的结构体类型），c.cbClsExtra=0;等语句是对窗口类的属性进行设置。

（3）HWND 类型的 hWnd 变量表示图 19-1 所示的一个窗口（HWND 是 Windows 系统中已定义的结构体类型），语句 hWnd = CreateWindow(……) ;和 ShowWindow(hWnd,nS howCmd);表示创建并显示一个窗口（CreateWindow 和 ShowWindow 是 Windows 系统中已定义的函数）。

（4）while 循环中，循环条件是函数 GetMessage( )的返回值。执行 while 语句时，调用 GetMessage( )函数，该函数的功能是等待 Windows 操作系统投递来的消息（消息是 Windows 系统中的重要概念，一个消息对应一个具体的事件）。

（5）函数 WinProc( )是一个自定义的函数，其特点是当 GetMessage( )函数接收到一个消息后，Windows 系统会自动调用该函数。具有这种特点的函数又称为“窗口函数”。

3．基于 Windows 的程序和基于控制台程序的比较

通过例 3-1，可以发现基于 Windows 的程序与基于控制台的程序是有很大区别的，了解二者之间的区别，对于深入学习基于 Windows 的程序是非常重要的。

（1）用户界面

基于控制台的程序运行后的用户界面是“黑屏幕”的字符界面，如图 19-2 所示。

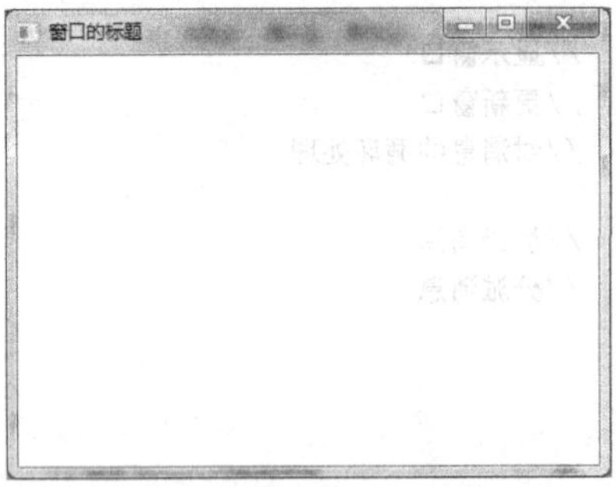

图 19-1　例 3-1 程序运行示意图

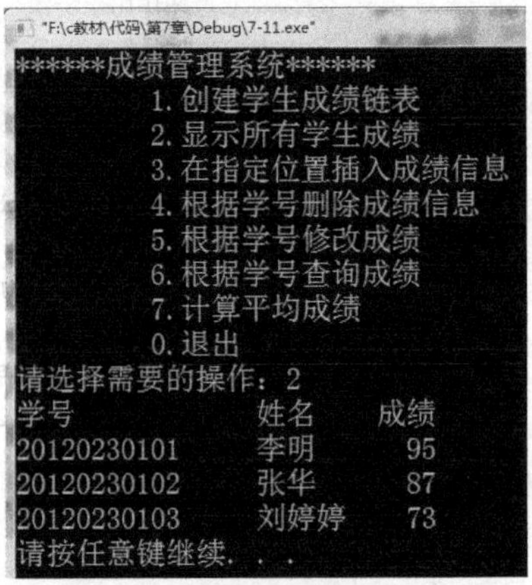

图 19-2　基于控制台程序的运行界面

基于 Windows 的程序在运行后，能显示一个如图 19-1 所示的窗口，该窗口相当于给用户提供了一个交互界面，当用户在窗口上进行某个操作（例如，单击鼠标、按键等），程序可以对这些操作响应，完成相应处理。

（2）执行模式

① 基于控制台的程序采用顺序执行方式，通过流程控制语句直接控制程序的执行过程，程序中除 main( )函数外，其他所有函数都需要在程序中通过函数调用语句才能执行。

② 基于 Windows 的应用程序是一种基于“事件驱动”的执行方式。程序开始运行时，它处于“等待”状态，然后根据程序中所发生的事件进行相应处理，处理完毕又返回，并处于等待事件的状态。例如，当打开计算器程序时，程序显示一个窗口，等待用户操作（事件），当用户单击“=”按钮时，程序则根据输入的数据进行计算，并将结果显示在窗口中，然后又等待用户操作。

③ 使 Windows 应用程序能基于“事件驱动”执行的核心是程序中的“窗口函数”，当程序中产生某个“事件”后，Windows 系统自动调用“窗口函数”。

（3）主函数

① 基于控制台程序的主函数名称为 main。其采用以下形式之一定义。

```
int main ( )                 int main(int arge,char *argv[ ])
{                            {
         ......                       ......
}                            }
```

② 基于 Windows 程序的主函数名称为 WinMain。其定义形式如下：

```
APIENTRY WinMain(HINSTANCE hInstance,
HINSTANCE hPrevInstance,LPSTR lpCmdLine,int nCmdShow)
{
    ......
}
```

说明：WinMain( )函数的参数与 main( )函数不一样，在编写 Windows 应用程序时，须按照上面的形式定义 WinMain( )函数。其中各个参数的含义如下。

- 第 1 个参数 hInstance 表示程序运行时的程序句柄。（HINSTANCE 是 Windows 系统中已定义的结构体类型）。
- 第 2 个参数 hPrevInstance 表示前一个程序运行时的句柄。
- 第 3 个参数 lpCmdLine 表示命令行的字符串。（LPSTR 是类型名，是 Windows 系统中使用的数据类型）。
- 第 4 个参数 nCmdShow 表示运行该程序时的窗口的显示方式。

（4）可调用的函数

基于控制台的程序和基于 Windows 的程序所运行的环境是不一样的，因此二者可以调用的函数有区别。

① scanf( )、printf( )等输入/输出函数不能在基于 Windows 的程序中使用；但字符串函数、文件读写函数、数学函数等函数则可以使用。

② Windows 系统提供了许多 API（Application Programming Interface）函数，并定义了许多结构体类型（如：WNDCLASS、HWND 等）。在 Windows 应用程序中可以使用这些函数和结构体类型。若要使用这些函数，则必须在程序中包含 windows.h 文件，即：

```
#include <windows.h>
```

19.2　Windows 句柄的概念

Windows 系统将应用程序中的窗口、画笔、画刷、设备环境、程序实例等作为资源进行管理，并使用一个“句柄”对这些资源进行标识。在程序中可以通过资源的句柄来访问相应的资源。

句柄是一种新的数据类型，在 32 位 Windows 系统中，句柄是一个 32 位的数据，但句柄并不是整数类型。表 19-1 列举了一些常见的句柄类型。

表 19-1　Windows 常用句柄

类型说明	句柄类型
HWND	标识一个窗口
HDC	标识一个设备环境
HMENU	标识一个菜单
HCURSOR	标识一个光标
HBRUSH	标识一个画刷

续表

类型说明	句柄类型
HPEN	标识一个画笔
HFONT	标识一个字体
HINSTANCE	标识一个应用程序实例

19.3 Windows 的窗口的构成

在基于 Windows 的应用程序中，窗口（Window）是一个非常重要的概念。一般地，窗口就是屏幕上的一个矩形区域，它接受用户的输入并以文字或图形的方式显示需输出的内容。如图 19-3 所示，一个窗口一般包含如下的组成部分。

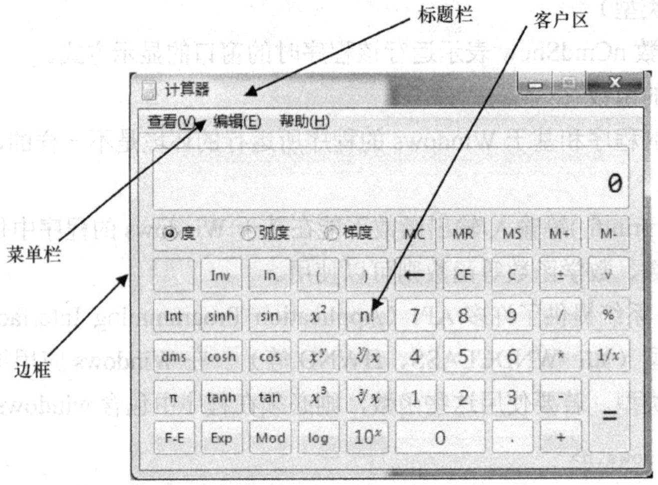

图 19-3 Windows 系统的窗口示意图

（1）边框：是窗口的边界。

（2）标题栏：位于窗口最顶部。显示当前应用程序名、文件名等，也包含程序图标、“最小化”、“最大化”、“关闭”等按钮。

（3）菜单栏：是一种树型结构，为大多数功能提供功能入口。单击以后，即可显示出菜单项。

（4）客户区：用于放置窗口中的其他操作元素，是程序最基本、最重要的输入、输出区域。可以添加其他的控件，例如按钮、文本框等，也可以输出文字或图形，是程序的主要操作区域。

19.4 在 Windows 应用程序中创建窗口的基本步骤

窗口是基于 Windows 的程序重要组成元素，一个 Windows 程序可以有多个窗口，在窗口中可以包含按钮、文本框、菜单等控件，用于接收用户的操作和显示结果。为了能在 Windows 程序中显示窗口，需要在主函数中完成注册窗口类、创建窗口、建立消息循环 3 个基本的步骤。

1．注册窗口类

窗口总是基于窗口类来创建的，在为程序创建窗口之前，必须首先调用 RegisterClass( ) 函数注册窗口类。窗口类不是 C++语言中“类”的概念，它是表示定义窗口属性的模板，这些属性包括窗口式样、鼠标形状、菜单等，它也指定处理该类中所有消息的窗口函数。在 Windows 中，定义了 WNDCLASS 结构体类型来表示窗口类。

注册窗口类的步骤如下：

（1）定义一个 WNDCLASS 类型的结构体变量，定义的方法如下。

```
WNDCLASS wc;
```

（2）给窗口类变量 wc 的成员赋值，以指定该窗口类的具体特征等。例如：

```
wc.hbrBackground =(HBRUSH)GetStockObject(WHITE_BRUSH); //设置窗口背景为白色
wc.hInstance = hInstance;                               //设置应用程序
wc.lpfnWndProc = WinProc;                               //设置窗口函数,WinProc是函数名
wc.lpszClassName =cName;                                //设置窗口类的名称
wc.style = CS_HREDRAW|CS_VREDRAW;                       //设置窗口类的风格
```

说明：

① hbrBackground 属性表示窗口的背景色，其中 GetStockObject( )函数是一个 Windows 的 API 函数，其功能是申请得到预定义的画笔、画刷、字体或者调色板的句柄。例如，下面语句是申请白色画刷，并用该画刷绘制窗口的背景（WHITE_BRUSH 是 Windows 中定义的符号常量，表示白色画刷）。

```
wc.hbrBackground =(HBRUSH)GetStockObject(WHITE_BRUSH);
```

若要将窗口的背景设置为灰色，可以将上面的语句修改成：

```
wc.hbrBackground =(HBRUSH)GetStockObject(GRAY_BRUSH);
```

也可以调用 CreateSolidBrush( )函数创建其他颜色的画刷。例如，将窗口的背景设置成红色，可以将上面的语句修改成：

```
wc.hbrBackground = CreateSolidBrush(RGB(255,0,0));
```

其中，RGB( )是 Windows 的 API 函数，其功能是返回一个用 R（红）、G（绿）、B（蓝）表示的颜色值。

② lpszClassName 成员表示该窗口类的“名称”，允许用户任意命名，其类型为字符串。

③ style 成员表示窗口的风格，其中 CS_HREDRAW 和 CS_VREDRAW 是 Windows 中定义的符号常量，分别表示一种风格，位运算符“|”表示该窗口类同时具有这两种风格。

（3）使用 RegisterClass( )函数注册窗口类，该函数的调用形式如下：

```
RegisterClass(&wc);
```

RegisterClass( )函数是 API 函数，其功能是在系统中注册参数所表示的窗口类，其参数是一个 WNDCLASS 类型的地址。

2．创建窗口

Windows 系统中使用 HWND 结构体类型表示窗口，建立窗口的过程如下。

（1）定义 HWND 类型的窗口变量，定义方法如下：

```
HWND hwnd ;
```

（2）创建窗口，调用 CreateWindow( )函数来创建窗口，其调用形式如下：

```
hwnd = CreateWindow(cName,cTitle,WS_OVERLAPPEDWINDOW,
20,30,400,300,NULL,NULL,hInstance,NULL) ;
```

虽然在窗口类已定义一些有关窗口的特征，而创建一个具体的窗口时，可以在 CreateWindow( )函数的参数中，进一步设置窗口其他的特征，例如窗口所属的窗口类、标题栏文字、显示位置和大小等。

- 第 1 个参数 cName：是一个字符串，表示该窗口所属的窗口类，其值必须是窗口类的名称，即窗口类的 lpszClassName 成员指定的字符串。所创建的窗口就是通过这种方式与窗口类建立关联的。
- 第 2 个参数 cTitle：是一个字符串，表示窗口的标题栏文字。
- 第 3 个参数 WS_OVERLAPPEDWINDOW：表示窗口的显示风格，例如该窗口是否是一个带边框的窗口，是否为有标题框的窗口等，可以通过位运算符“|”为窗口指定多种风格。
- 第 4 个和第 5 个参数 20,30：表示窗口显示的位置，即分别指定窗口在屏幕中的 x 坐标（20）和 y 坐标（30）。
- 第 6 个和第 7 个参数 400,300：表示窗口显示的大小，即分别指定窗口的宽（400）和高（300），默认的单位是像素。
- 第 8 个参数：表示该窗口的父窗口。
- 第 9 个参数：表示该窗口的菜单栏，如果为 NULL，表示没有菜单栏。
- 第 10 个参数：打开该窗口的应用程序的句柄，hInstance 是主函数传递的参数。
- 第 11 个参数：表示传递给窗口的 WM_CREATE 消息（创建消息）。

说明：

① CreateWindow( )函数的返回值为一个指向所创建窗口的句柄。该句柄保存在变量 hwnd 中，该变量必须被定义成 HWND 类型。程序中可以通过该句柄来对窗口进行引用。

② 为了确定窗口在屏幕上的大小和位置，在显示器中有一个坐标系，在默认情况下，其原点为显示器的左上角，x 坐标向右递增，y 坐标从上往下递增，坐标系的单位为像素。上面语句创建的窗口，在屏幕上显示的效果如图 19-4 所示。

（3）显示窗口。当 CreateWindow( )函数调用返回时，窗口已在 Windows 系统内部被创建。但是要将窗口显示在屏幕上，还需要使用 ShowWindow( )函数和 UpdateWindow( )函数。

ShowWindow( )函数是将窗口显示在屏幕中，其调用方式如下：

```
ShowWindow(hWnd,nShowCmd);
```

- 第 1 个参数：表示需要显示的、已经创建的窗口句柄。
- 第 2 个参数：表示窗口在屏幕中的初始显示形式。常用的显示形式有正常显示（SW_SHOW）、最小化窗口（SW_MINIMIZE）、最大化窗口（SW_MAXIMIZE）。

UpdateWindow( )函数向操作系统发送一个 WM_PAINT 消息，使窗口的客户区重绘。

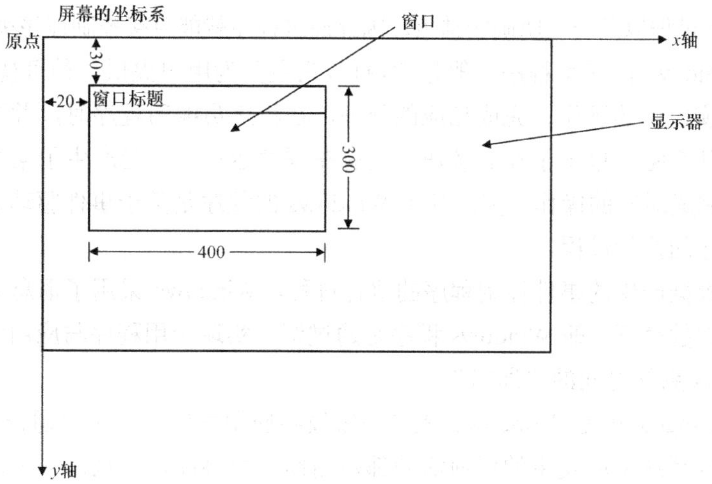

图 19-4　Windows 窗口的坐标系

3．建立消息循环

基于 Windows 的应用程序运行后，它一般来说应处于“等待”状态，只有在程序中产生了特定事件后，才执行特定的代码，以对用户操作响应。为了能使 Windows 程序一直运行并能对用户的操作进行响应，必须要建立消息循环。建立消息循环的基本过程如下。

（1）定义表示消息的变量。

Windwos 系统中，使用 MSG 结构体类型来表示一个 Windows 消息。在程序中需要定义 MSG 结构体类型的变量，以保存从 Windows 分发的消息，定义的方法如下：

```
MSG msg;
```

（2）使用循环接收从 Windows 投递的消息。

在循环的实现中，一般需要使用 GetMessage( )函数接收从 Windows 投递的消息，并使用该函数的返回值作为继续循环的循环条件，例如：

```
while(GetMessage(&Msg,NULL,0,0))
{
……
}
```

（3）在循环中对接收的消息翻译，并分发到窗口函数中。

对消息翻译时，需要将虚拟键消息转换为字符消息。可通过调用 API 函数 TranslateMessage( )函数实现，调用方式如下：

```
TranslateMessage(&msg);
```

要将消息分发到窗口函数中，可调用 API 函数 DispatchMessage( )函数实现。调用方式如下：

```
DispatchMessage(&msg);
```

19.5　Windows 程序的消息处理机制与窗口函数

1．Windows 程序的消息处理机制

基于控制台的程序都是使用顺序的、过程驱动的程序设计方法，其程序都有一个明确的开始、明确的执行过程以及一个明确的结束，因此通过程序就能直接控制程序执行的全部顺序。

而基于 Windows 的应用程序一般包含窗口，它主要为用户提供一种可视化的交互方式，能根据用户在窗口上的操作，完成相应的处理。在程序员编写程序时，并不知道用户会在窗口中按下了什么键，单击了什么按钮。只有在程序运行后，当产生了某个事件，才执行相应的代码，完成对应的操作。因此基于 Windows 的程序是基于事件驱动的，即根据产生的事件控制程序的执行过程。

为了实现根据产生的事件控制程序的执行过程，Windows 采用了消息处理机制，用于实现窗口和用户的交互，即 Windows 程序是通过消息实现应用程序与应用程序之间、应用程序与 Windows 系统之间的“通讯”。

消息（Message）就是 Windows 操作系统发给应用程序的一个“通告”。在 Windows 系统中，用户或系统中所发生的任何活动都被当作一个事件，并且每一个事件转换成一个特定的消息，以此告诉应用程序该事件发生了。应用程序要实现的功能由消息来触发，并靠对消息的响应来完成。

为了实现消息的流转，Windows 系统中有两种消息队列，一种是系统消息队列，另一种是应用程序消息队列。当鼠标、键盘等事件被触发后，相应的鼠标或键盘驱动程序就会把这些事件转换成相应的消息，然后投递到系统消息队列，由 Windows 系统去进行处理。Windows 系统则在适当的时机，自动从系统消息队列中取出一个消息，然后把该消息投递到产生该消息的应用程序的消息队列。

当应用程序看到自己的消息队列中有消息，就从队列中将其取出来，并通过 Windows 系统发送到该窗口的窗口函数中去处理（即自动调用窗口函数，并将该消息作为参数传入）。Windows 的消息处理过程如图 19-5 所示。

一个消息是系统定义的一个 32 位的值，它唯一的定义了一个事件。Windows 为预定义的每个消息都指定了一个标识符常量，例如：WM_DESTROY、WM_PAINT、WM_CREATE、WM_COMMAND．WM_KEYDOWN、WM_LBUTTONUP。在 Window 系统中，消息分为如下 3 类。

（1）窗口消息。

一般以 WM_开头，如 WM_CREATE、WM_PAINT、WM_MOUSEMOVE 等，用于表示与窗口相关的事件。

（2）命令消息（WM_COMMAND）。

一种特殊的窗口消息，它被从一个窗口发送到另一个窗口，以处理来自用户的请求，通常是从子窗口发送到父窗口。例如，单击按钮时，按钮的父窗口会收到 WM_COMMAND 消息，用以通知父窗口按钮被单击。

（3）控件通知消息。

WM_NOTIFY 消息，当用户与控件交互时，通知消息会从控件窗口发送到父窗口，这种消息的目的不是为了处理用户命令，而是为了让父窗口能够适时改变控件。

消息处理机制是 Windows 应用程序运行的根本，应用程序通过消息处理机制获取各种消息，并通过相应的窗口函数，对消息进行处理。正是这种消息处理机制使得一个应用程序能够响应外部的各种事件。

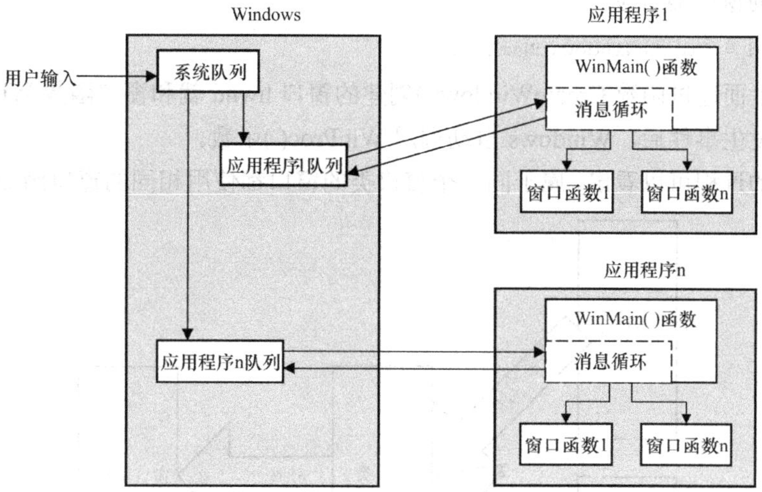

图 19-5　Windows 的消息处理机制

2．窗口函数

消息处理机制实现了应用程序能捕获 Windows 消息的功能，但是并没有指出当捕获了消息后，将消息派发到哪个函数进行处理。那么如何实现对消息的处理呢？在 Windows 系统中，是由 Windows 系统自动调用应用程序中的一个称为"窗口函数"的函数，将消息传递给该函数后，在这个函数中完成对消息的处理。

（1）窗口函数的概念

窗口函数是一个用于处理所有发送到这个窗口的消息的函数，是 Windows 应用程序中的一个非常重要的函数。它本质上是一个"回调函数"，它是由 Windows 系统直接、自动调用的。当在窗口中发生某个事件后，其对应的消息被 DispatchMessage( )函数分发时，该函数就会被 Windows 操作系统调用，并将该消息作为参数传入。在窗口函数中通过对消息进行判断，以使程序在产生了某个事件之后，能产生合适行为。

因此窗口函数在 Windows 程序中具有极其重要的作用，它是程序的消息处理中心。如果将 Windows 应用程序比喻成一个人的话，消息处理机制相当于"神经中枢"，它负责将从"五官"感知到的事件，转换成"神经信号"（信号）；窗口函数则是人的"大脑"，负责对这些"神经信号"进行判断、处理。

（2）窗口函数与窗口对应

在 Windows 应用程序中，一个窗口对应一个窗口函数（一个窗口函数可以对应多个窗口）。窗口和窗口函数对应关系是通过窗口类实现的，如图 19-6 所示。

通过将窗口函数的函数名赋值给窗口类变量的 lpfnWndProc 属性，就实现了窗口类和窗口函数的对应。例如，下面的语句表示 wc 窗口类对应窗口函数 WinProc( )：

```
wc.lpfnWndProc = WinProc;
```

在调用 CreateWindow( )函数创建窗口时，将窗口类的名称作为参数传递给该函数，就实现了窗口和窗口类的对应。例如，下面的语句表示将 hwnd 表示的窗口与名称为字符串 cName 表示的窗口类对应。

```
hwnd = CreateWindow(cName,……) ;
```

因此，上面通过函数 CreateWindow( )创建的窗口 hwnd 就和窗口函数 WinProc( )对应，当该窗口中发生事件后，Windows 自动调用 WinProc( )函数。

从上面的过程可以看出，属于同一个窗口类的窗口都使用相同的窗口函数来响应消息。

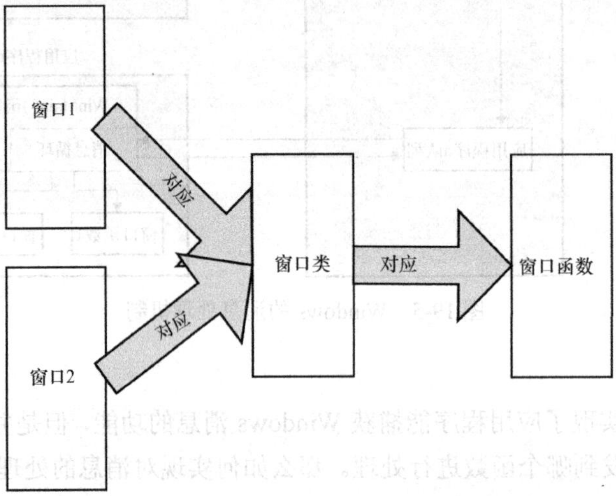

图 19-6　窗口与窗口函数对应示意图

（3）窗口函数的定义

定义窗口函数时，其函数名可由用户自定义，但是其函数类型、参数类型、个数必须符合 Windows 系统要求，其形式如下。

```
LRESULT CALLBACK  WndProc (HWND hwnd, UINT message,
        WPARAM wParam, LPARAM lParam)
        {
        ……
        …….
        }
```

说明：

① 窗口函数的函数名可以由编程人员自己定义，但必须是合法的标志符。

② 函数的类型、函数的参数类型、参数个数都不能更改。

③ 第 1 个参数表示窗口的句柄。

④ 第 2 个参数为消息循环中所捕获的消息。

⑤ 第 3 个和第 4 个参数用于更进一步说明消息。

（4）窗口函数的实现

在窗口函数中，主要是对表示消息的第 2 个、第 3 个和第 4 个参数进行判断，从而实现根据事件进行相应的处理。大多数程序只处理小部分“感兴趣”的消息。在一个窗口函数中，如果传来的消息是程序“不感兴趣”的，则可以不对该消息处理，但是应该调用 DefWindowProc( )函数对其处理。其基本的结构如下。

```
LRESULT CALLBACK  WndProc (HWND hwnd, UINT message, WPARAM wParam, LPARAM lParam)
{
    变量说明语句
    初始化语句
    switch (message)   //switch 语句中对感兴趣的消息判断
    {
        case 消息 1:
            处理“消息 1”的语句序列
            return 表达式 1;
        case 消息 2:
            处理“消息 2”的语句序列
            return 表达式 2;
        .......
        case 消息 n:
            处理“消息 n”的语句序列
        return 表达式 n;
    }
    return DefWindowProc(hwnd, message, wParam, lParam);
}
```

说明：

① 在窗口函数中，一般使用 switch 语句来判定窗口函数接收到什么消息，通过执行相应的语句序列对消息进行处理。

② 窗口函数中对不需要处理的消息必须交由 DefWindowProc( )进行处理，并返回该函数的返回值。

③ 有些消息比较复杂，还需要结合第 3 个和第 4 个参数 wParam 和 lParam 进行判断，例如：WM_COMMAND 消息与 WM_KEYDOWN 消息等。

19.6 Windows 应用程序的执行过程

创建 Windows 应用程序的上机过程与创建 DOS 程序的上机过程类似，主要区别是在创建 Windows 应用程序时选择的工程类型不一样。创建 Windows 应用程序选择的工程类型是“Win32 Application”，如图 19-7 所示。

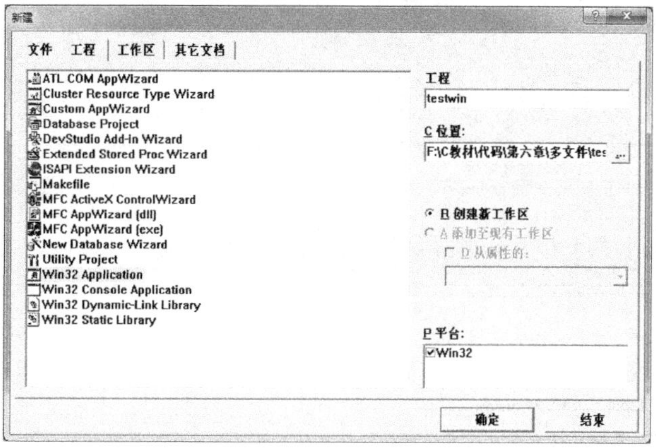

图 19-7　选择工程类型

输入工程的名称，单击“完成”按钮，系统弹出如图 19-8 所示的对话框。

在图 19-8 的对话框中，有 3 个选项，每个选项创建的工程有所区别。

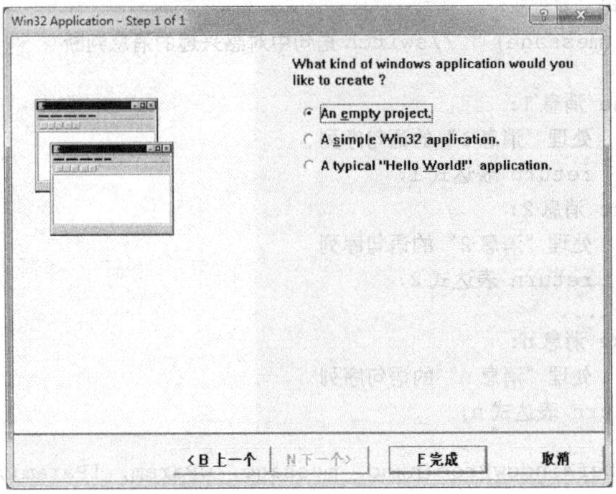

图 19-8　选择工程选项

① 选择 An empty project（空项目）。该选项后，创建的工程是空的，所有的源程序文件都必须手工创建，如图 19-9 所示。

② 选择 A Simple Win32 Application（简单 Win32 应用程序）后，在创建工程的同时会创建自动创建 3 个源程序文件。

- 一个与工程类型名字相同的.CPP 文件。在该文件中已经定义了一个主函数 WinMain，但是这个函数是空函数。
- 一个 StdAfx.cpp 文件，这个文件不要去修改。
- 一个 StdAfx.h 文件，这个文件不要去修改。

该选项的效果如图 19-10 所示。

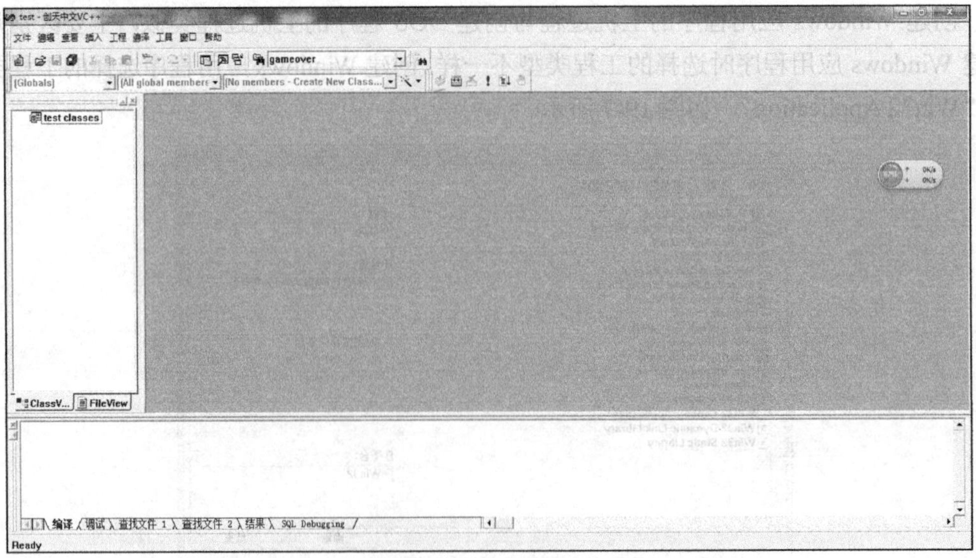

图 19-9　空项目

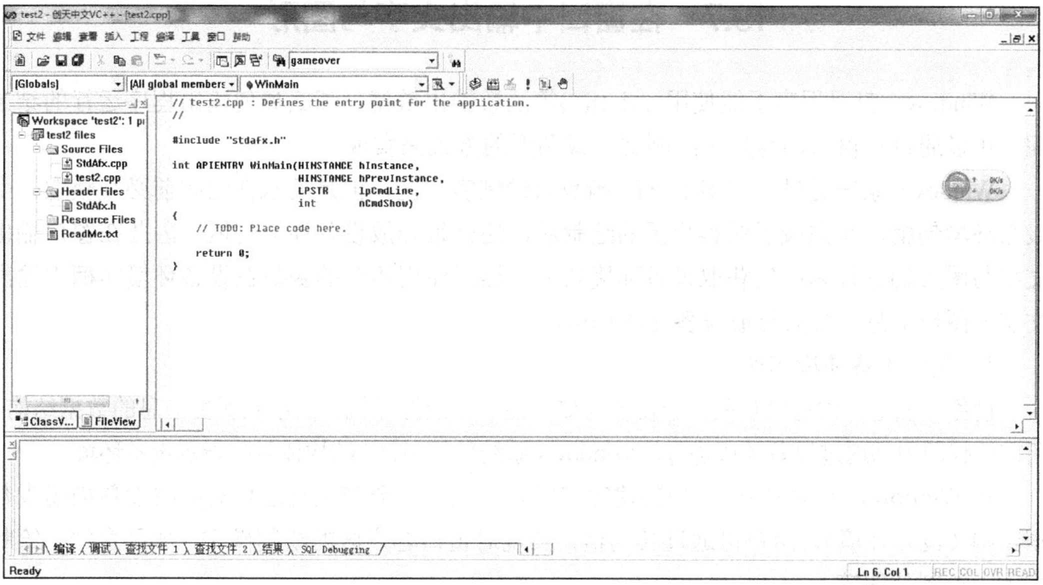

图 19-10　简单 Win32 应用程序

③ 选择 A　typical "Hello World"　Application（典型的 Hello World 应用程序）后，在创建工程的同时会创建自动创建 6 个源程序文件，如图 19-11 所示。

除了选择第 2 个选项创建的 3 个文件外，选择此选项后还会创建另外 3 个文件。

- 一个与工程类型名字相同的.rc 文件，这是一个资源文件，程序中的资源保存在此文件中。
- 一个 resource.h 文件。
- 一个与工程类型名字相同的.h 文件。

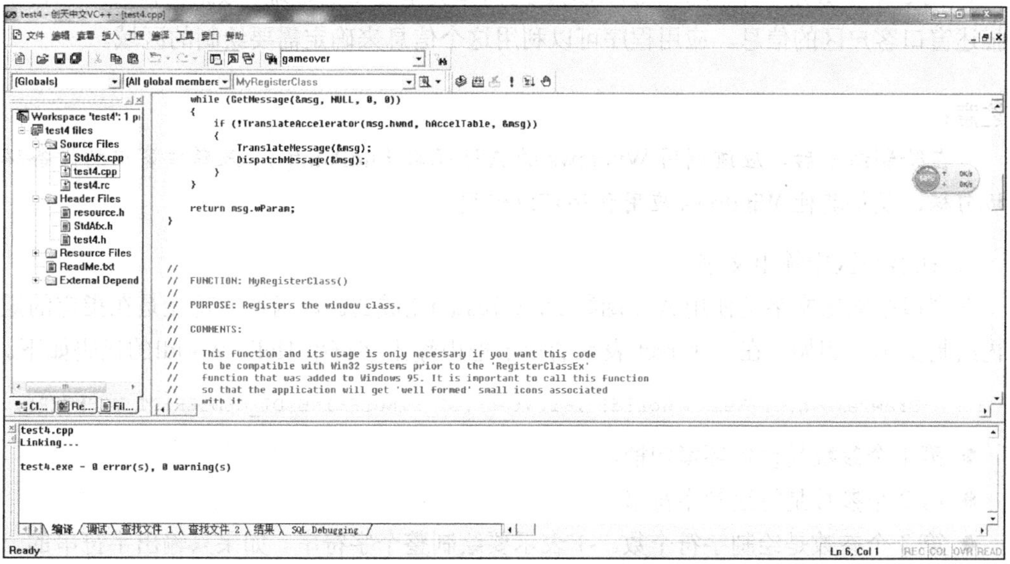

图 19-11　典型的 Hello World 应用程序

19.7 在窗口中输出文字与图形

Windows 应用程序不能使用 printf( )等函数输出数据，那么如何输出程序运行的结果呢？可以通过在窗口的客户区绘制文字或图形的方式来实现。

Windows 系统提供了许多的 API 函数来绘制客户区，但是要求在绘制前必须获取一个设备环境句柄，在完成了对客户区的绘制后，还必须释放设备环境句柄。因此在窗口输出文字与图形的过程为：先获取设备环境句柄，然后使用相应的函数在设备环境句柄中输出文字或图形信息，最后释放设备环境句柄。

1. 获取设备环境句柄

设备环境是一种包含有关某个设备（如，显示器或打印机）的绘制属性信息的数据结构，所有绘制调用都通过设备环境进行。Windows 系统使用 HDC 结构体类型表示设备环境。

在 Windows 应用程序中，当创建窗口时，系统自动会产生与之相对应的设备描述表数据结构（设备环境），用户可通过其句柄，实现对窗口客户区的绘制操作，如画直线、绘制文本、绘制位图等。

获取设备环境的过程如下。

（1）定义 HDC 类型的变量：

```
HDC hDC;
```

（2）使用 API 函数 BeginPaint( )获取设备环境句柄，调用方式如下。

```
hDC=BeginPaint(hWnd,&paint);
```

- 第 1 个参数是表示窗口的句柄。
- 第 2 个参数是一个 PAINTSTRUCT 结构体类型变量的地址。该结构体类型包含了用于描述窗口客户区的信息。应用程序可以利用这个信息来确定需要绘制的区域。

注意：

在绘制结束后，应该调用 Windows 的 API 函数 EndPaint( )，来释放窗口的设备环境句柄，使得其他 Windows 应用程序可以使用。

2. 在客户区中输出文字

在窗口中输出文字是使用 API 函数 DrawText( )完成的。该函数的功能是在指定的矩形框内绘制文本。例如，在一个 rect 表示的矩形框内输出字符串 Hello World!的代码如下。

```
DrawText(hDC,"Hello World!",-1,&rect,DT_SINGLELINE|DT_CENTER|DT_VCENTER);
```

- 第 1 个参数是设备环境句柄。
- 第 2 个参数是待绘制字符串。
- 第 3 个参数是绘制字符个数。-1 表示要绘制整个字符串。如果只输出字符串的一部分，则是输出部分的实际长度。
- 第 4 个参数是要在其中绘制字符串的矩形框。

● 第 5 个参数是绘制字符串的方式，例如，DT_SINGLELINE 表示单行显示文本，回车和换行符都不断行，DT_CENTER 指定文本水平居中显示，DT_VCENTER 指定文本垂直居中显示。

说明：

为了确定窗口中的内容（例如，矩形、文本框、按钮等）在窗口中的显示位置，窗口也定义了一个坐标系，在默认情况下，其原点在客户区的左上角，x 坐标从左向右递增，y 坐标从上往下递增，坐标系的单位为像素。

在 Windows 中，定义了一个结构体类型 RECT 表示矩形，并使用矩形左上角、右下角在窗口中的坐标来确定矩形的大小和位置。因此结构体 RECT 有 4 个成员：left、top、right 和 bottom。其中 left、top 分别表示矩形左上角的 x 坐标和 y 坐标；right、bottom 分别表示矩形右下角的 x 坐标和 y 坐标，其意义如图 19-12 所示。

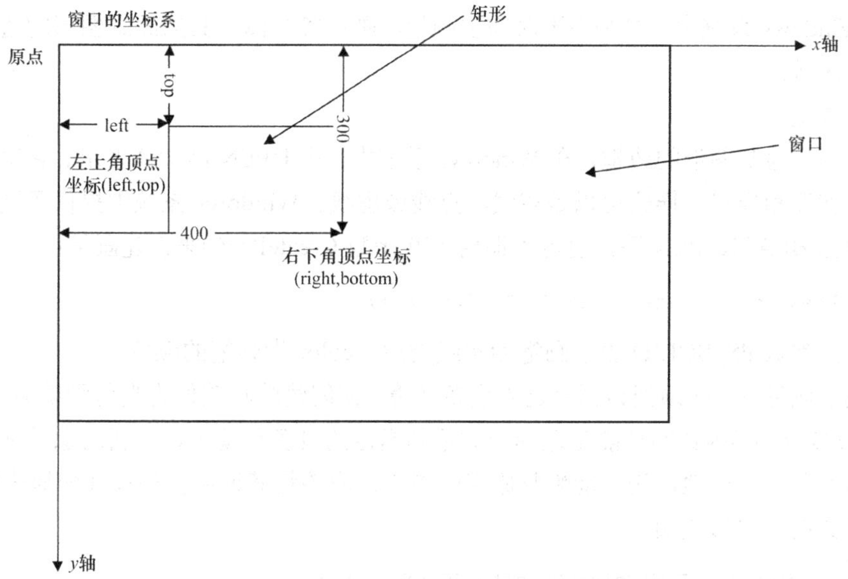

图 19-12　RECT 成员的含义

3．在客户区输出图形

Windows 系统中提供了丰富的 API 函数和画图工具来绘制图形，例如，绘制直线、椭圆、矩形等，常用的绘制图形函数如下。

（1）LineTo( )函数

此函数从当前位置到指定点之间画直线，其调用方式为：

```
LineTo(hdc,x,y);
```

该函数调用结束后，在当前位置与指定点(x,y)之间画一根直线，并且当前位置变成点(x,y)。

Windows 默认的当前位置是(0,0)，可以通过调用 MoveToEx( )函数设置设备环境的当前位置。例如，将点(50,20)设置为当前位置的调用形式为：

```
MoveToEx(hDC,50,20,NULL);
```

（2）Ellipse()函数

可以使用此函数画椭圆，其调用形式为：

```
Ellipse(hdc,left,top,right,bottom);
```

该函数调用结束后，在左上角位置为（left,top），右下角位置为（right,bottom）的矩形框中画椭圆。

（3）Rectangle( )函数

可以使用此函数画矩形，其调用形式为：

```
Rectangle (hdc,left,top,right,bottom);
```

该函数调用结束后，画一个左上角位置为（left,top），右下角位置为（right,bottom）的矩形。

4．画图工具

在Windows系统中，绘制图形时需要画笔、画刷等画图工具来绘制图形的边框或填充一个封闭区域。

（1）画笔

画笔用来绘制图形的边框，在Windows系统中，用HPEN结构体表示。它决定了线条的颜色、宽度和样式，样式可以是实线、点线或虚线。Windows系统中提供了默认的画笔工具，例如BLACK_PEN等，也可以调用API函数CreatePen( )来创建画笔：

```
hNewPen = CreatePen(PS_SOLID,0,color);
```

其中，参数PS_SOLID表示画笔为实线类型，color为画笔的颜色。

创建了画笔后，必须把该画笔选入设备环境，使创建的画笔作为当前画笔后才能生效。

SelectObject( )函数的功能是选择一对象到指定的设备环境中，该新对象替换先前的相同类型的对象。一般地，为了能恢复原来的画笔，应该将其返回值保存（即原来的画笔），因此该函数的调用形式如下。

```
hOldPen = (HPEN)SelectObject(hDC,hNewPen);
```

（2）画刷

画刷用来填充一个封闭区域，例如填充一个矩形的内部区域。在Windows系统中，用HBrush结构体表示。具体画刷可以由实线、阴影线等构成。Windows系统中提供了默认的画刷工具，例如 BLACK_BRUSH（黑色画刷）、DKGRAY_BRUSH（黑灰色画刷）、WHITE_BRUSH（白色画刷）。也可以调用API函数CreateSolidBrush ( )来创建画刷：

```
hNewBrush = CreateSolidBrush (color);
```

其中，参数color为画刷的颜色。

在创建了画刷后，与画笔工具类似，也应该调用SelectObject( )函数，将其选择为当前画刷后才能生效。

5．释放设备环境句柄

释放设备环境句柄是通过EndPaint( )函数实现的，其调用形式如下：

```
EndPaint(hWnd,&paint)
```

各个参数的意义与 BeginPaint( )函数调用时相同。

6．输出文字与图形的时机

在窗口上显示文字与图形时，如果将输出文字与图形的代码放在主函数中，由于这些代码只是在主函数中执行一次，那么当窗口的客户区被重绘时（例如，单击了“最小化窗口”再恢复显示窗口），窗口中已经绘制的文字/图形则会“消失”。因此一般的输出文字与图形的功能应该放在窗口函数中实现，并且是当在窗口被重绘时执行，即在窗口函数中响应“重绘”的消息 WM_PAINT。

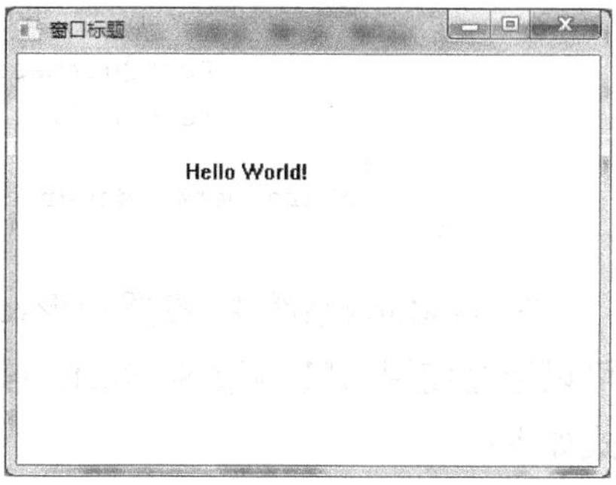

图 19-13　例 19-2 的运行效果

【例 19-2】编写一个 Windows 应用程序，运行效果如图 19-13 所示，该程序运行时显示一个窗口，并在窗口中显示“Hello World!”。

参考代码如下：

```
#include <windows.h>
LRESULT WINAPI WinProc(HWND hWnd,UINT Msg,WPARAM wParam,LPARAM lParam);
//主函数
int   WINAPI   WinMain(HINSTANCE   hInstance,HINSTANCE   hPrevInstance,LPSTR
lpCmdLine,int   nShowCmd)
{
    char *cName = "myWindow";
    char *cTitle="窗口标题";
    WNDCLASS wc;
    HWND hWnd;
    MSG Msg;
    wc.cbClsExtra = 0;
    wc.cbWndExtra = 0;
    wc.hbrBackground = (HBRUSH)GetStockObject(WHITE_BRUSH);
    wc.hCursor = NULL;
    wc.hIcon = NULL;
    wc.hInstance = hInstance;
    wc.lpfnWndProc = WinProc;
    wc.lpszClassName =(LPSTR)cName;
    wc.lpszMenuName = NULL;
    wc.style = CS_HREDRAW | CS_VREDRAW;
    RegisterClass(&wc);
    hWnd=CreateWindow(cName, cTitle, WS_OVERLAPPEDWINDOW,
        20, 30, 400, 300, NULL, NULL,  hInstance,NULL) ;
    ShowWindow(hWnd,nShowCmd);
     while(GetMessage(&Msg,NULL,0,0))
    {
        TranslateMessage(&Msg);
        DispatchMessage(&Msg);
    }
    return Msg.message;
}
//窗口函数
LRESULT WINAPI WinProc(HWND hWnd,UINT Msg,WPARAM wParam,LPARAM lParam)
{
    HDC hDC;                    // hDC 是设备环境
    PAINTSTRUCT paint
    RECT rect;                  //rect 用来表示一个矩形框
    switch(Msg)                 //处理消息过程
    {
        case WM_PAINT:          //窗口重绘消息
```

```
            setRect(&rect,50,100,200150);
          hDC=BeginPaint(hWnd,&paint);
          DrawText(hDC,"Hello World!",-1,&rect,
            DT_SINGLELINE|DT_CENTER|DT_VCENTER);
            EndPaint(hWnd,&paint);
            UpdateWindow(hWnd);
            return 0;
        case WM_DESTROY:                    //响应鼠标单击关闭按钮事件
            PostQuitMessage(0);             //退出消息队列
            return 0;                       //退出函数
    }
    return DefWindowProc(hWnd,Msg,wParam,lParam);
}
```

在Windows系统中，设置矩形rect的坐标时，可以通过使用API函数SetRect( )实现，调用形式如下：

```
SetRect(&rect, left,top,right,bottom);
```

该函数的功能是将left、top设置为rect左上角的 x 坐标、y 坐标，将right、top设置为rect右下角的 x 坐标、y 坐标。

【例19-3】编写具有图19-14所示运行效果的Windows应用程序。

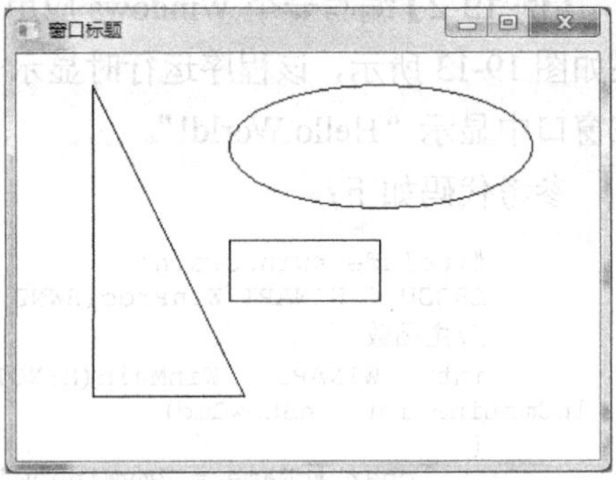

图19-14　例19-3程序运行示意图

分析：上面窗口中的三角形是由三条直线构成的，可以调用函数LineTo( )实现，矩形、椭圆可以直接绘制。在窗口函数中响应WM_PAINT消息，调用相应的API函数绘制图形。

参考代码如下：

```
#include <windows.h>
LRESULT WINAPI WinProc(HWND hWnd,UINT Msg,WPARAM wParam,LPARAM lParam);
//主函数
int   WINAPI   WinMain(HINSTANCE   hInstance,HINSTANCE   hPrevInstance,LPSTR
lpCmdLine,intn ShowCmd)
{
    char *cName = "myWindow",*cTitle="窗口标题";
    WNDCLASS wc;
    HWND hWnd;
    MSG Msg;
     wc.cbClsExtra = 0;
    wc.cbWndExtra = 0;
    wc.hbrBackground = (HBRUSH)GetStockObject(WHITE_BRUSH);
    wc.hCursor = NULL;
    wc.hIcon = NULL;
    wc.hInstance = hInstance;
    wc.lpfnWndProc = WinProc;
    wc.lpszClassName =(LPSTR)cName;
    wc.lpszMenuName = NULL;
    wc.style = CS_HREDRAW | CS_VREDRAW;
    RegisterClass(&wc);
    hWnd=CreateWindow(cName, cTitle, WS_OVERLAPPEDWINDOW,
   20,30,400,300,NULL, NULL, hInstance, NULL) ;
    ShowWindow(hWnd,nShowCmd);
    while(GetMessage(&Msg,NULL,0,0))
    {
        TranslateMessage(&Msg);
        DispatchMessage(&Msg);
```

```
    }
    return Msg.message;
}
//窗口函数
LRESULT WINAPI WinProc(HWND hWnd,UINT Msg,WPARAM wParam,LPARAM lParam)
{
    HDC hDC;                //HDC是指设备环境
    PAINTSTRUCT paint;
    COLORREF color;         //表示颜色
    HPEN hOldPen,hNewPen;
    switch(Msg)             //处理消息过程
    {
        case WM_PAINT:      //窗口重绘消息
            hDC=BeginPaint(hWnd,&paint);
            color = RGB(255,0,0);  //生成红色
            hNewPen=CreatePen(PS_SOLID,0,color);    //创建红色画笔
            hOldPen=(HPEN)SelectObject(hDC,hNewPen);//选择画笔
            MoveToEx(hDC,50,20,NULL);            //将(50,20)设置为当前位置
            LineTo(hDC,50,220);                  //从(50,20)到(50,220)画直线
            LineTo(hDC,150,220);                 //从(50,220)到(150,220)画直线
            LineTo(hDC,50,20);                   // 从(150,220)到(50,20)画直线
            Ellipse(hDC,140,20,340,100);         //画椭圆
            Rectangle(hDC,140,120,240,160);      //画矩形
            hNewPen=(HPEN)SelectObject(hDC,hOldPen);
            DeleteObject(hNewPen);
            EndPaint(hWnd,&paint);
            UpdateWindow(hWnd);
            return 0;
        case WM_DESTROY:               //响应鼠标单击关闭按钮事件
            PostQuitMessage(0);        //退出消息队列
            return 0;                  //退出函数
    }
    return DefWindowProc(hWnd,Msg,wParam,lParam);
}
```

上面代码中，创建的画笔是红色的，如果要创建蓝色的画笔，应将表示颜色的变量color设置为蓝色，即color= RGB(0,0,255);

画矩形也可以采用填充的方式来绘制，例如 FillRect( )函数就是用指定的画刷填充矩形。下面的窗口函数响应 WM_PAINT 消息，并绘制一个蓝色背景的矩形。

```
LRESULT WINAPI WinProc(HWND hWnd,UINT Msg,WPARAM wParam,LPARAM lParam)
{
    HDC hDC;                //HDC是指设备环境
    PAINTSTRUCT paint;
    COLORREF color;
    RECT rect;
    HBRUSH brush;
    switch(Msg)             //处理消息过程
    {
        case WM_PAINT:      //窗口重绘消息
            hDC=BeginPaint(hWnd,&paint);
            color = RGB(0,0,255);
            setRect(&rect,30,40,130,60);
            brush=CreateSolidBrush(color);
            FillRect(hDC,&rect,brush);
            EndPaint(hWnd,&paint);
            UpdateWindow(hWnd);
```

```
            return 0;
        case WM_DESTROY:                 //响应鼠标单击关闭按钮事件
            PostQuitMessage(0);          //退出消息队列
            return 0;                    //退出函数
        }
    return DefWindowProc(hWnd,Msg,wParam,lParam);
}
```

19.8 在窗口中创建按钮并响应按钮的单击事件

按钮是构成 Windows 窗口的最重要元素之一，在 Windows 程序中，可以通过单击按钮来表示执行某个动作。

1. 在窗口中创建按钮

在 Windows 系统中，按钮是作为一个“窗口”处理的，创建按钮是通过调用 CreateWindow( )函数完成。与创建窗口的不同点在于二者传递的参数不一样，另外这些“窗口”不需要调用 ShowWindow( )函数显示，也没有窗口函数。

创建按钮的一般形式如下：

```
HWND btnHwnd;
btnHwnd = CreateWindow("button","按钮",
 WS_CHILD|WS_VISIBLE|BS_PUSHBUTTON,40,50,100,30,hWnd,
 (HMENU)1,(HINSTANCE) GetWindowLong(hWnd,GWL_HINSTANCE),NULL) ;
```

注意创建按钮和创建窗口相比，参数有所不同。

① 如果创建的是按钮，第 1 个参数是“button”，它表示创建的“窗口”是一个按钮。

② 第 2 个参数是显示在按钮上的内容。

③ 第 3 个参数是“窗口”的风格，必须指定是“子窗口”，即须包含“WS_CHILD”风格。

④ 第 8 个参数(HMENU)1 中，HMENU 表示菜单的数据类型，1 表示按钮的序号，相当于该按钮的 ID，用于标识该按钮。当在按钮上发生事件时，在消息中会用该序号表示是该按钮的事件，可以通过该序号获取按钮中的内容。

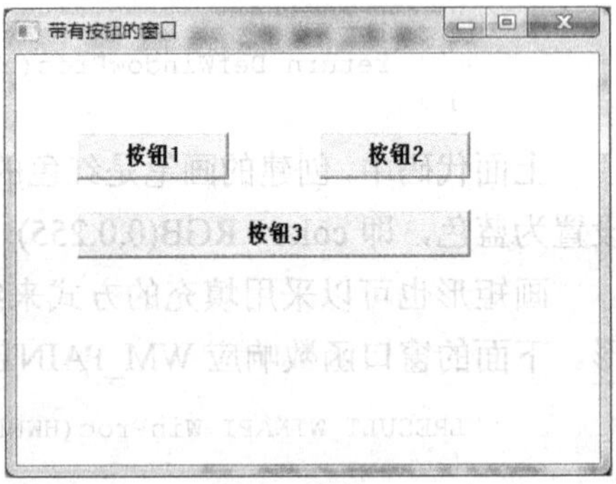

图 19-15 例 19-4 运行效果图

【例 19-4】编写具有如图 19-15 所示效果的 Windows 应用程序。

参考代码如下：

```
#include <windows.h>
LRESULT WINAPI WinProc(HWND hWnd,UINT Msg,WPARAM wParam,LPARAM lParam); //函数声明
int  WINAPI  WinMain(HINSTANCE  hInstance,HINSTANCE  hPrevInstance,LPSTR
lpCmdLine,intn ShowCmd)
{
    char *cName = "myWindow",*cTitle="带有按钮的窗口";
    WNDCLASS wc;       //定义变量
    HWND hWnd;
    MSG Msg;
```

```
        wc.cbClsExtra = 0;
        wc.cbWndExtra = 0;
        wc.hbrBackground = (HBRUSH)GetStockObject(WHITE_BRUSH);
        wc.hCursor = NULL;                    //窗口的光标不设置
        wc.hIcon = NULL;                      //窗口图标设置
        wc.hInstance = hInstance;             //当前程序的句柄，hInstance是由主函数传递
        wc.lpfnWndProc = WinProc;             //窗口处理过程的窗口函数。
        wc.lpszClassName =(LPSTR)cName;       //窗口类的名字。
        wc.lpszMenuName = NULL;               //目录名，不设置
        wc.style = CS_HREDRAW | CS_VREDRAW;       //窗口类的风格
        RegisterClass(&wc);                   //在系统中注册窗口
        hWnd=CreateWindow(cName,cTitle,WS_OVERLAPPEDWINDOW,10,20,400, 300, NULL,
NULL, hInstance, NULL) ;
        ShowWindow(hWnd,nShowCmd);            //显示窗口
        UpdateWindow(hWnd);                   //更新窗口
        while(GetMessage(&Msg,NULL,0,0))
        {
            TranslateMessage(&Msg);           //翻译消息
            DispatchMessage(&Msg);            //分派消息
        }
        return Msg.message;
    }
    LRESULT WINAPI WinProc(HWND hWnd,UINT Msg,WPARAM wParam,LPARAM lParam)
    {   //处理消息过程
        static HWND btn1Hwnd,btn2Hwnd,btn3Hwnd ;
        switch(Msg)       //对消息进行判断
        {
        case WM_CREATE:   //响应窗口的创建事件
            //创建按钮
            btn1Hwnd = CreateWindow("button","按钮1",
            WS_CHILD | WS_VISIBLE | BS_PUSHBUTTON,
            40,50,100,30,hWnd,(HMENU)1,
            (HINSTANCE)GetWindowLong(hWnd, GWL_HINSTANCE),NULL) ;
            btn2Hwnd = CreateWindow("button","按钮2",
            WS_CHILD | WS_VISIBLE | BS_PUSHBUTTON,
            200,50,100,30,hWnd,(HMENU)2,
            (HINSTANCE)GetWindowLong(hWnd, GWL_HINSTANCE),NULL ) ;
            btn3Hwnd = CreateWindow("button","按钮3",
            WS_CHILD | WS_VISIBLE | BS_PUSHBUTTON,
            40,100,260,30,hWnd,(HMENU)3,
            (HINSTANCE)GetWindowLong(hWnd, GWL_HINSTANCE),NULL ) ;
            return 0 ;
        case WM_DESTROY:              //如果是点击关闭窗口时的消息
            PostQuitMessage(0);       //退出消息队列
            return 0;                 //返回0，结束函数
        }
        return DefWindowProc(hWnd,Msg,wParam,lParam);
    }
```

说明：

① 在Windows应用程序中创建按钮时，一般在窗口函数中响应WM_CREATE消息。

② 如果保存按钮的变量是窗口函数中定义的局部变量时，需要将其定义为静态变量（static），否则下次调用窗口函数时，该变量会重新创建，原来的值就可能“丢了”。

2．响应按钮的单击事件

在例19-4的程序中，当单击窗口中的按钮时，程序并没有“反应”。如果需要在单击按钮时

执行某个动作，完成程序的某个功能，使程序做出相应的“反应”，需要响应按钮的单击事件。

在 Windows 系统中，当“单击”按钮时，会产生一个 WM_COMMAND 消息，由于在窗口中可能有多个按钮，Windows 会将“单击”按钮的 ID 作为窗口函数的 wParam 参数。因此，在窗口函数中对 WM_COMMAND 消息处理时，还需通过对参数 wParam 判断，来响应相应按钮的单击事件。

响应按钮事件的方法如下。

```
case WM_COMMAND:                //响应命令
    {
        switch(LOWORD(wParam))
        {
        case 1:                 // 是 ID 号为 1 的按钮单击
            {
                ......
                ......
            }
        case 2:                 // 是 ID 号为 2 的按钮单击
            {
                ......
                ......
            }
        }
        return 0;
    }
```

说明：LOWORD 是 Windows 系统中定义的宏，它取参数中的 2 个低位字节，即将参数转换成 16 位的整型数据。

【例 19-5】编写具有图 19-16 所示效果的 Windows 应用程序。要求：当单击“按钮 1”时，在窗口中输出一个圆，当单击“按钮 2”时，在窗口中输出一个矩形，当单击“按钮 3”时，在窗口中输出文字“点击了按钮 3!”。

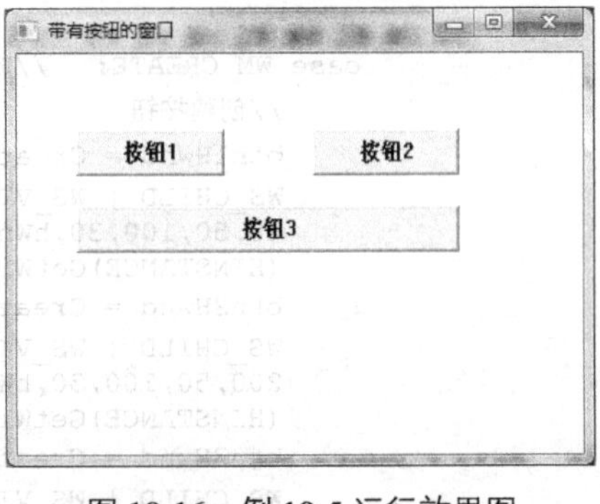

图 19-16　例 19-5 运行效果图

参考代码如下：

```
    #include <windows.h>
    LRESULT WINAPI WinProc(HWND hWnd,UINT Msg,WPARAM wParam,LPARAM lParam);    //函数声明
    int WINAPI WinMain(HINSTANCE hInstance,HINSTANCE hPrevInstance,LPSTR lpCmdLine,
intn ShowCmd)
    {
        char *cName = "myWindow",*cTitle="带有按钮的窗口";
        WNDCLASS wc;        //定义变量
        HWND hWnd;
        MSG Msg;
        wc.cbClsExtra = 0;
        wc.cbWndExtra = 0;
        wc.hbrBackground = (HBRUSH)GetStockObject(WHITE_BRUSH);
        wc.hCursor = NULL;              //窗口的光标，不设置
        wc.hIcon = NULL;                //窗口图标设置
        wc.hInstance = hInstance;  //当前程序的句柄，hInstance 由主函数传递
        wc.lpfnWndProc = WinProc;  //窗口处理过程的窗口函数
        wc.lpszClassName =(LPSTR)cName;           //窗口类的名字
```

```
    wc.lpszMenuName = NULL;                  //目录名，不设置
    wc.style = CS_HREDRAW | CS_VREDRAW;      //窗口类的风格
    RegisterClass(&wc);                      //在系统中注册窗口
    hWnd=CreateWindow(cName,cTitle,WS_OVERLAPPEDWINDOW,10,20,400, 300, NULL,
NULL, hInstance, NULL) ;
     ShowWindow(hWnd,nShowCmd);          //显示窗口
     UpdateWindow(hWnd);       //更新窗口
     while(GetMessage(&Msg,NULL,0,0))
     {
         TranslateMessage(&Msg);          //翻译消息
         DispatchMessage(&Msg);           //分派消息
     }
     return Msg.message;
}
LRESULT WINAPI WinProc(HWND hWnd,UINT Msg,WPARAM wParam,LPARAM lParam)
{//处理消息过程
    static HWND btn1Hwnd,btn2Hwnd,btn3Hwnd ;
    static int drawE=0,drawR=0,drawT=0;
    static HDC hDC;          // hDC是设备环境
    static PAINTSTRUCT paint;
    static RECT rect;        //rect用来表示一个矩形框
    switch(Msg)          //对消息进行判断
    {
    case WM_CREATE:   //响应窗口的创建事件
        //创建按钮
        btn1Hwnd = CreateWindow("button","按钮1",
        WS_CHILD | WS_VISIBLE | BS_PUSHBUTTON,
        40,50,100,30,hWnd,(HMENU)1,
        (HINSTANCE)GetWindowLong(hWnd, GWL_HINSTANCE),NULL) ;
        btn2Hwnd = CreateWindow("button","按钮2",
        WS_CHILD | WS_VISIBLE | BS_PUSHBUTTON,
        200,50,100,30,hWnd,(HMENU)2,
        (HINSTANCE)GetWindowLong(hWnd, GWL_HINSTANCE),NULL ) ;
        btn3Hwnd = CreateWindow("button","按钮3",
        WS_CHILD | WS_VISIBLE | BS_PUSHBUTTON,
        40,100,260,30,hWnd,(HMENU)3,
        (HINSTANCE)GetWindowLong(hWnd, GWL_HINSTANCE),NULL ) ;
        return 0 ;
    case WM_COMMAND:       //响应命令
        switch(LOWORD(wParam))
        {
        case 1:              //是ID号为1的按钮单击
            hDC=GetDC(hWnd);
            Ellipse(hDC,40,135,140,235);   //画圆
            InvalidateRect(hWnd,NULL,0);
            ReleaseDC(hWnd,hDC);
            return 0;
        case 2:              //是ID号为2的按钮单击
            hDC=GetDC(hWnd);
            Rectangle(hDC,150,180,280,220);
            InvalidateRect(hWnd,NULL,0);
            ReleaseDC(hWnd,hDC);
            return 0;
        case 3:              //是ID号为3的按钮单击
            hDC=GetDC(hWnd);
            SetRect(&rect,150,140,280,180);
            DrawText(hDC,"点击了按钮3!",-1,&rect,
                DT_SINGLELINE|DT_CENTER|DT_VCENTER);
            ReleaseDC(hWnd,hDC);
            return 0;
```

```
        }
        return 0;
    case WM_DESTROY:         //如果是单击关闭窗口时的消息
    PostQuitMessage(0);      //退出消息队列
    return 0;                //返回 0，结束函数
    }
    return DefWindowProc(hWnd,Msg,wParam,lParam);
}
```

说明：上面程序在窗口函数中响应 WM_COMMAND 消息，再使用 wParam 参数判断单击的是哪个按钮，执行相应的动作。当 wParam 为 1 时，表示单击了“按钮 1”（因为在创建“按钮 1”时，其 ID 为 1），执行绘制椭圆语句。为了绘制图形，先调用 GetDC( )函数，获取设备环境句柄，然后再调用 API 函数绘制相应的图形。

InvalidateRect( )函数向窗口发出 WM_PAINT 的消息，强制窗口的客户区域重绘，其使用方法如下：

```
InvalidateRect(hWnd,NULL,TRUE);
```

● 第 1 个参数是需要重绘的窗口的句柄。

● 第 2 个参数是要重绘的矩形区域，窗口中此区域外的客户区域不被重绘。如果为 NULL，全部的窗口客户区域都要重绘。

● 第 3 个参数是重绘矩形的方式，为 true 表示还向窗体发送 WM_ERASEBKGND 消息，使背景重绘。

上面的程序运行后，当窗口重绘时，绘制的图形会“消失”。因此可以将绘制图形的工作在窗口重绘时完成。在响应 WM_PAINT 消息时，为了判断是否需要绘制圆、矩形、文字，在窗口函数 WinProc 中定义了 3 个标志变量 drawE、drawR、drawT，当它们的值为 1 时，分别表示需要绘制圆、矩形、文字。当单击“按钮 1”时，则将 drawE 赋值 1，并调用 InvalidateRect( )函数，重绘窗口。

改进后的程序代码如下：

```
#include <windows.h>
LRESULT WINAPI WinProc(HWND hWnd,UINT Msg,WPARAM wParam,LPARAM lParam);  //函数声明
int WINAPI WinMain(HINSTANCE hInstance,HINSTANCE hPrevInstance,LPSTR lpCmdLine,
int  nShowCmd)
{
    char *cName = "myWindow",*cTitle="带有按钮的窗口";
    WNDCLASS wc;        //定义变量
    HWND hWnd;
    MSG Msg;
    wc.cbClsExtra = 0;
    wc.cbWndExtra = 0;
    wc.hbrBackground = (HBRUSH)GetStockObject(WHITE_BRUSH);
    wc.hCursor = NULL;                //窗口的光标不设置
    wc.hIcon = NULL;                  //窗口图标设置
    wc.hInstance = hInstance;         //当前程序的句柄，hInstance 由主函数传递
    wc.lpfnWndProc = WinProc;         //窗口处理过程的窗口函数
    wc.lpszClassName =(LPSTR)cName;//窗口类的名字
    wc.lpszMenuName = NULL;           //目录名，不设置
    wc.style = CS_HREDRAW | CS_VREDRAW;    //窗口类的风格
    RegisterClass(&wc);                    //在系统中注册窗口
```

```
    hWnd=CreateWindow(cName,cTitle,WS_OVERLAPPEDWINDOW,10,20,400, 300, NULL,
NULL, hInstance, NULL) ;
    ShowWindow(hWnd,nShowCmd);                //显示窗口
    UpdateWindow(hWnd);                       //更新窗口
    while(GetMessage(&Msg,NULL,0,0))
    {
        TranslateMessage(&Msg);               //翻译消息
        DispatchMessage(&Msg);                //分派消息
    }
    return Msg.message;
}
LRESULT WINAPI WinProc(HWND hWnd,UINT Msg,WPARAM wParam,LPARAM lParam)
{//处理消息过程
    static HWND btn1Hwnd,btn2Hwnd,btn3Hwnd ;
    static int drawE=0,drawR=0,drawT=0;
    static HDC hDC;         // hDC是设备环境
    static PAINTSTRUCT paint;
    static RECT rect;       //rect用来表示一个矩形框
    switch(Msg)             //对消息进行判断
    {
    case WM_CREATE:         //响应窗口的创建事件
        //创建按钮
        btn1Hwnd = CreateWindow("button","按钮1",
        WS_CHILD | WS_VISIBLE | BS_PUSHBUTTON,
        40,50,100,30,hWnd,(HMENU)1,
        (HINSTANCE)GetWindowLong(hWnd, GWL_HINSTANCE),NULL) ;
        btn2Hwnd = CreateWindow("button","按钮2",
        WS_CHILD | WS_VISIBLE | BS_PUSHBUTTON,
        200,50,100,30,hWnd,(HMENU)2,
        (HINSTANCE)GetWindowLong(hWnd, GWL_HINSTANCE),NULL ) ;
        btn3Hwnd = CreateWindow("button","按钮3",
        WS_CHILD | WS_VISIBLE | BS_PUSHBUTTON,
        40,100,260,30,hWnd,(HMENU)3,
        (HINSTANCE)GetWindowLong(hWnd, GWL_HINSTANCE),NULL ) ;
        return 0 ;
    case WM_PAINT:          //响应重绘窗口命令
        hDC=BeginPaint(hWnd,&paint);
        if(drawR==1)Rectangle(hDC,150,180,280,220);      //画矩形
        if(drawE==1)Ellipse(hDC,40,135,140,235);         //画圆
        if(drawT==1){
            SetRect(&rect,150,140,280,180);
            DrawText(hDC,"点击了按钮3!",-1,&rect,
                DT_SINGLELINE|DT_CENTER|DT_VCENTER);
        }
        EndPaint(hWnd,&paint);
        UpdateWindow(hWnd);
        return 0;
    case WM_COMMAND://响应命令
        switch(LOWORD(wParam))
        {
        case 1://是ID号为1的按钮被单击
            drawE=1;
            InvalidateRect(hWnd,NULL,TRUE);
            return 0;
        case 2://是ID号为2的按钮被单击
            drawR=1;
            InvalidateRect(hWnd,NULL,TRUE);
            return 0;
        case 3://是ID号为3的按钮被单击
            drawT=1;
```

```
                InvalidateRect(hWnd,NULL,TRUE);
                return 0;
            }
            return 0;
        case WM_DESTROY:          //如果是单击关闭窗口时的消息
            PostQuitMessage(0);          //退出消息队列
            return 0; //返回 0，结束函数
        }
        return DefWindowProc(hWnd,Msg,wParam,lParam);
    }
```

说明：

由于 drawE、drawR、drawT 变量是窗口函数 WinProc 的局部变量，而在每次响应 WM_PAINT 消息，执行窗口函数时，需要得到上次窗口函数执行时的值，因此将变量定义成静态变量（static）。

19.9 在窗口中创建文本框并在文本框中输入/输出数据

在基于 DOS 的应用程序中，数据的输入输出经常是通过 C 语言提供的输入输出函数完成的，例如 printf( )函数、scanf( )函数。但是这些函数在基于 Windows 的应用程序中不能使用。

那么在基于 Windows 的应用程序中如何实现数据的输入和输出呢？数据的输入和输出很多时候都是通过文本框来完成的，文本框是构成 Windows 窗口的重要元素之一，可以在文本框输入数据，也可以将程序运行结果显示在文本框中，它是 Windows 应用程序中主要的输入、输出途径。

1．在窗口中创建文本框

在 Windows 系统中，与按钮类似，文本框也作为一个“窗口”处理，创建文本框也通过调用 CreateWindow( )函数完成。创建一般形式如下：

```
HWND inputHwnd
inputHwnd=CreateWindow("edit","",
WS_CHILD|WS_VISIBLE|WS_BORDER|ES_LEFT|ES_MULTILINE,110,20,100,20,hWnd,(HMENU)2,
((LPCREATESTRUCT) lParam) -> hInstance, NULL) ;
```

创建文本框和创建窗口相比，参数有所不同。

① 第 1 个参数是“edit”，它表示该窗口是一个文本框。

② 第 2 个参数是显示在文本框中的内容。

③ 第 3 个参数是“窗口”的风格，必须指定是“子窗口”，即须包含“WS_CHILD”风格。

④ 第 8 个参数(HMENU)1 中，HMENU 表示菜单的数据类型，1 表示文本框的序号，相当于该文本框 ID，用于标识该文本框。当在文本框上发生事件时（例如键盘按下事件），在消息中会用该序号表示是该文本框的事件，也可以通过该序号获取文本框中的内容。

【例 19-6】编写具有图 19-17 所示运行效果的 Windows 应用程序。

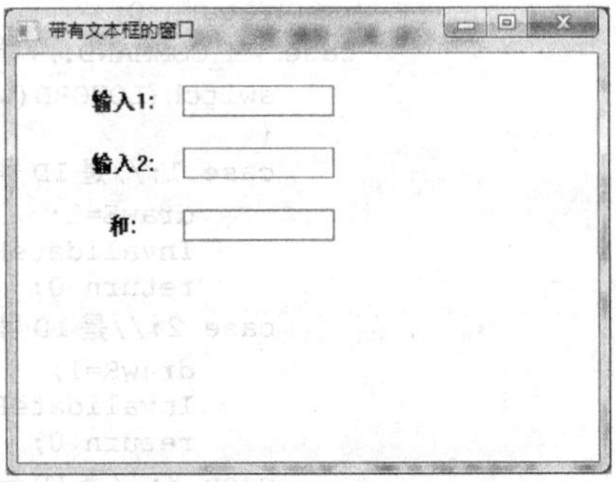

图 19-17 例 19-6 运行效果图

参考代码如下：

```
#include <windows.h>
LRESULT WINAPI WinProc(HWND hWnd,UINT Msg,WPARAM wParam,LPARAM lParam);    //函数声明
RECT rect1,rect2,rect3;
HDC hDC;
PAINTSTRUCT paint;
int WINAPI WinMain(HINSTANCE hInstance,HINSTANCE hPrevInstance,LPSTR lpCmdLine,
int nShowCmd)
{
    char *cName = "myWindow",*cTitle="带有文本框的窗口";
    WNDCLASS wc;      //定义变量
    HWND hWnd;
    MSG Msg;
    wc.cbClsExtra = 0;
    wc.cbWndExtra = 0;
    wc.hbrBackground = (HBRUSH)GetStockObject(WHITE_BRUSH);
    wc.hCursor = NULL;                  //窗口的光标，不设置
    wc.hIcon = NULL;                    //窗口图标设置
    wc.hInstance = hInstance;           //当前程序的句柄，hInstance 由主函数传递
    wc.lpfnWndProc = WinProc;           //窗口处理过程的窗口函数
    wc.lpszClassName =(LPSTR)cName;     //窗口类的名字
    wc.lpszMenuName = NULL;             //目录名，不设置
    wc.style = CS_HREDRAW | CS_VREDRAW;     //窗口类的风格
    RegisterClass(&wc);                 //在系统中注册窗口
    hWnd=CreateWindow(cName,cTitle,WS_OVERLAPPEDWINDOW,10,20,400, 300, NULL,
NULL, hInstance, NULL) ;
    ShowWindow(hWnd,nShowCmd);          //显示窗口
    UpdateWindow(hWnd);                 //更新窗口
    while(GetMessage(&Msg,NULL,0,0))
    {
        TranslateMessage(&Msg);         //翻译消息
        DispatchMessage(&Msg);          //分派消息
    }
    return Msg.message;
}
LRESULT WINAPI WinProc(HWND hWnd,UINT Msg,WPARAM wParam,LPARAM lParam)
{//处理消息过程
    static HWND hwndInput1,hwndInput2,hwndInput3 ;
    switch(Msg)        //对消息进行判断
    {
    case WM_PAINT:
        hDC=BeginPaint(hWnd,&paint);        //获取设备环境
        SetRect(&rect1,20,20,120,40);
        SetRect(&rect2,20,60,120,80);
        SetRect(&rect3,20,100,120,120);
        //在窗口中输出文本
        DrawText(hDC,"输入 1:",-1, &rect1,
            DT_SINGLELINE|DT_CENTER|DT_VCENTER);
        DrawText(hDC,"输入 2:",-1,&rect2,
            DT_SINGLELINE|DT_CENTER|DT_VCENTER);
        DrawText(hDC,"和:",-1,&rect3,
            DT_SINGLELINE|DT_CENTER|DT_VCENTER);
        EndPaint(hWnd,&paint);
        return 0;
    case WM_CREATE:        //响应窗口的创建事件
        //创建按钮和文本框
        hwndInput1 = CreateWindow( "edit", NULL,
```

```
            WS_CHILD|WS_VISIBLE|WS_BORDER|ES_LEFT | ES_MULTILINE ,
            110, 20, 100, 20, hWnd, (HMENU)2,
            ((LPCREATESTRUCT) lParam) -> hInstance, NULL ) ;
            hwndInput2 = CreateWindow("edit", NULL,
            WS_CHILD|WS_VISIBLE|WS_BORDER|ES_LEFT| ES_MULTILINE ,
            110, 60, 100, 20, hWnd, (HMENU)3,
            ((LPCREATESTRUCT) lParam) -> hInstance, NULL ) ;
            hwndInput3 = CreateWindow( "edit", NULL,
            WS_CHILD|WS_VISIBLE|WS_BORDER|ES_LEFT | ES_MULTILINE ,
            110,100, 100, 20, hWnd, (HMENU)4,
            ((LPCREATESTRUCT) lParam) -> hInstance, NULL ) ;
            return 0 ;
        case WM_DESTROY:        //如果是单击关闭窗口时的消息
            PostQuitMessage(0);         //退出消息队列
            return 0;
        }
        return DefWindowProc(hWnd,Msg,wParam,lParam);
    }
```

2．在文本框中输入/输出数据

在Windows应用程序中，通常通过文本框输入数据，或者将程序结果显示在在文本框中。

（1）从文本框中取数据

从文本框中取数据需要用到Windows的API函数GetDlgItemText( )，使用的方法如下。

```
GetDlgItemText(hWnd,2,str1,10);
```

- 第1个参数是文本框所属窗口的句柄。
- 第2个参数是文本框的ID。
- 第3个参数是保存文本框中数据的字符数组。
- 第4个参数是从文本框中取字符的最大个数。

说明：

使用GetDlgItemText( )从文本框中取数据时，Windows系统是将文本框中的数据作为字符串处理的，因此须先定义一个字符数组来存放数据。

（2）在文本框中显示数据

在文本框中显示数据将要用到Windows的API函数SetDlgItemText( )，使用的方法如下。

```
SetDlgItemText(hWnd,4,str3);
```

- 第1个参数是文本框所属窗口的句柄。
- 第2个参数是显示字符串的文本框的ID。
- 第3个参数是需要显示的字符串。

说明：

使用SetDlgItemText( )在文本框中显示数据，是针对字符串的。如果需要显示的数据不是字符串，需要将其转换成字符串后再显示。

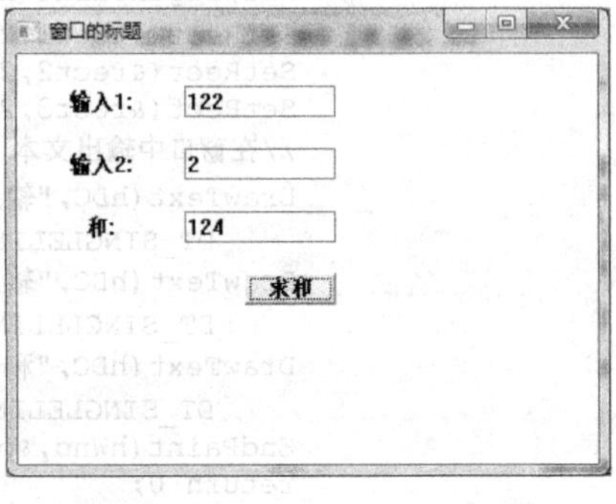

图19-18 例19-7运行效果图

【例19-7】编写一个具有图19-18所示效果的Windows应用程序，在第1个和第2个文本框中输入两个整数后，单击“求和”按钮，对两数进行求和并显示在第3个文本框中。

参考代码如下：

```
#include <windows.h>
LRESULT WINAPI WinProc(HWND hWnd,UINT Msg,WPARAM wParam,LPARAM lParam);  //函数声明
    RECT rect1,rect2,rect3;
    HDC hDC;
    PAINTSTRUCT paint;
    int  WINAPI  WinMain(HINSTANCE  hInstance,HINSTANCE  hPrevInstance,LPSTR
lpCmdLine,int    nShowCmd)
    {
        char *cName = "myWindow",cTitle="窗口的标题";
        WNDCLASS wc;   //定义变量
        HWND hWnd;
        MSG Msg;
        wc.cbClsExtra = 0;
        wc.cbWndExtra = 0;
        wc.hbrBackground = (HBRUSH)GetStockObject(WHITE_BRUSH);
        wc.hCursor = NULL;
        wc.hIcon = NULL;
        wc.hInstance = hInstance;
        wc.lpfnWndProc = WinProc;
        wc.lpszClassName =(LPSTR)cName;
        wc.lpszMenuName = NULL;
        wc.style = CS_HREDRAW | CS_VREDRAW;
        RegisterClass(&wc);
        hWnd = CreateWindow(cName,cTitle,WS_OVERLAPPEDWINDOW,
            10, 20, 400, 300, NULL, NULL, hInstance, NULL) ;
        ShowWindow(hWnd,nShowCmd);
        UpdateWindow(hWnd);
        while(GetMessage(&Msg,NULL,0,0))
        {
            TranslateMessage(&Msg);
            DispatchMessage(&Msg);
        }
        return Msg.message;
}
LRESULT WINAPI WinProc(HWND hWnd,UINT Msg,WPARAM wParam,LPARAM lParam)
{
        static HWND hwndInput1,hwndInput2,hwndInput3 ;
        static HWND hwndbutton;
        static char str1[10],str2[10],str3[10];
        int s,d1,d2;
        switch(Msg)  //对消息进行判断
        {
        case WM_PAINT:
            hDC=BeginPaint(hWnd,&paint);   //获取设备环境
            SetRect(&rect1,20,20,40,90);
            SetRect(&rect2,60,20,80,90);
            SetRect(&rect3,100,20,120,90);
            //在窗口中输出文本
            DrawText(hDC,"输入1:",-1, &rect1,
                DT_SINGLELINE|DT_CENTER|DT_VCENTER);
            DrawText(hDC,"输入2:",-1,&rect2,
                DT_SINGLELINE|DT_CENTER|DT_VCENTER);
            DrawText(hDC,"和:",-1,&rect3,
                DT_SINGLELINE|DT_CENTER|DT_VCENTER);
            EndPaint(hWnd,&paint);
            return 0;
        case WM_CREATE:
            //创建按钮和文本框
            hwndInput1 = CreateWindow( "edit", NULL,
             WS_CHILD|WS_VISIBLE|WS_BORDER|ES_LEFT | ES_MULTILINE ,
```

```
            110, 20, 100, 20, hWnd, (HMENU)2,
            ((LPCREATESTRUCT) lParam) -> hInstance, NULL ) ;
            hwndInput2 = CreateWindow("edit", NULL,
            WS_CHILD|WS_VISIBLE | WS_BORDER |ES_LEFT | ES_MULTILINE ,
            110, 60, 100, 20, hWnd, (HMENU)3,
            ((LPCREATESTRUCT) lParam) -> hInstance, NULL ) ;
            hwndInput3 = CreateWindow( "edit", NULL,
            WS_CHILD|WS_VISIBLE|WS_BORDER |ES_LEFT| ES_MULTILINE ,
            110,100, 100, 20,hWnd, (HMENU)4,
            ((LPCREATESTRUCT) lParam) -> hInstance, NULL ) ;
            hwndbutton=CreateWindow("BUTTON","求和",
            WS_CHILD|WS_VISIBLE,150,140,60,20,hWnd,(HMENU)1,
            ((LPCREATESTRUCT) lParam) -> hInstance,NULL);
            return 0 ;
        case WM_COMMAND:       //响应命令
      {
          switch(LOWORD(wParam))
          {
            case 1:        //是 ID 号为 1 的按钮单击，即"求和"按钮被单击
              {
                    ZeroMemory(str1,sizeof(str1));
                    GetDlgItemText(hWnd,2,str1,10);    //获取文本框中内容
                    GetDlgItemText(hWnd,3,str2,10);
                    d1 = atoi(str1);     //将字符串转换成整数
                    d2 = atoi(str2);
                    s=d1+d2;
                    ltoa(s,str3,10);     //将整数转换成字符串
                    SetDlgItemText(hWnd,4,str3);     //将 str3 显示在文本框中
              }
          }
          return 0;
      }
      case WM_DESTROY:
          PostQuitMessage(0);
          return 0;
      }
      return DefWindowProc(hWnd,Msg,wParam,lParam);
  }
```

说明：

在 Windows 应用程序中，通常有以下 2 种输出数据的方法。

- 第 1 种方法是通过 DrawText( )函数，将需要输出的数据绘制在窗口中。常用于输出程序"静止"的、不经常变化的数据。
- 第 2 种方法是通过文本框，将需要输出的数据显示在文本框中。常用于输出程序中"动态"的、经常变化的数据。

如果一个文本框在程序中只是用于显示数据，而不需要输入数据时，可以将其设置为"只读"文本框（其中 ES_READONLY 表示创建的文本框为只读）：

```
hwndInput3 = CreateWindow( "edit", NULL,WS_CHILD | WS_VISIBLE
 | WS_BORDER |ES_LEFT | ES_MULTILINE|ES_READONLY ,110,100, 100, 20,
 hWnd, (HMENU)4, ((LPCREATESTRUCT) lParam) -> hInstance, NULL ) ;
```

注意：

在创建文本框和按钮时，文本框和按钮的 ID 必须互不相同，否则在响应 WM_COMMAND 消息时，会相互干扰。

参考文献

[1] 史旅华，张吴波．C 语言程序设计教程[M]．北京：人民邮电出版社，2014．

[2] 苏小红，王宇颖，孙志岗．C 语言程序设计[M]．北京：高等教育出版社，2011．

[3] 苏小红，车万翔．C 语言程序设计学习指导[M]．北京：高等教育出版社，2011．

[4] 胡慧．C 语言程序设计上机指导与习题选解[M]．北京：北京邮电大学出版社，2011．

[5] 占跃华．C 语言程序设计实训教程[M]．北京：北京邮电大学出版社，2011．

[6] 何中林，周静．程序设计基础—— C 语言实训教程[M]．天津：南开大学出版社，2013．

[7] CharlesPetzold. Windows 程序设计（第 5 版）[M]．北京：清华大学出版社，2010．

[8] 郭皞岩．Windows 程序设计教程[M]．北京：人民邮电出版社，2009．